중등
문해력의
비밀

국어·영어 교사가 들려주는 특급 처방전

중등 문해력의 비밀

김수린·배혜림 지음

아이가 처음 한글을 읽던 날, 더듬더듬 영어 문장을 읽던 날을 기억하시나요? 아장아장 책을 들고 와서 읽어달라고 조르던 아이가 어느덧 혼자 책을 읽는 모습을 보면 대견한 마음이 절로 듭니다. 조잘조잘 읽었던 책 이야기라도 하면 뿌듯한 마음도 들었지요. 저 역시 그런 모습을 볼 때마다 우리 애가 천재가 아닌가 하는 순간도 솔직히 있었습니다. 초등학교 성적표의 대부분 과목에 '매우 잘함'이라고 적혀 있는 것이 이유라면 이유였지요.

책 속의 다양한 이야기에 관심을 가지고 생각을 키워가던 아이였는데, 초등학교 고학년이 되면서 책을 읽는 시간보다 스마트폰의 영상을 보는 시간이 늘어납니다. 스마트폰만 있으면 열심히 공부하겠다는 아이의 호언장담에 금방 넘어간 것 같아 후회가 됩니다. 중학생이 돼서 학급 SNS를 하는 것을 보니 필요한 것 같기도 합니다.

스마트폰 때문에 책 읽는 시간만 준 것이 아닙니다. 도서관에 가자고 해도 아이는 들은 척도 하지 않습니다. 도서관에서 함께 그림책을 한아름 빌려오던 어릴 적 아이의 모습이 떠오릅니다. 답답한 마음에 주변의 독서 학원을 알아봅니다. 이왕이면 글쓰기에 도움이 된다는 논술학원도 찾아보고요.

중학생이 되니 걱정되는 것이 독서만이 아닙니다. 게임과 놀이 중심의 영어학원은 별 도움이 되지 않는 것 같습니다. 중학교부터는 문법이 중요하다고 하니 다른 것보다 독해와 문법을 철저하게 가르친다는 내신 중심의 학원을 알아봅니다.

그렇게 아이의 부족한 부분을 하나하나 메우다 보니 학원이 늘어납니다. 하지만 집에서 스마트폰을 보는 시간을 줄인다고 위안해봅니다. 학원에 보내지 않았다면 아이와 부모 사이에 스마트폰 전쟁이 여러 번 났을 겁니다.

그런데 막상 아이의 성적표를 받아보면 충격적입니다. 당연히 잘할 것이라고 생각했던 국어 성적은 물론이고 오랫동안 공들였던 영어 성적을 보니 처참한 마음이 듭니다. 역사나 과학 과목의 결과도 별반 다르지 않습니다. 분명히 시험 기간 내내 밤늦게까지 학원 보충도 듣고 친구들과 스터디카페도 다니면서 열심히 공부했다고 하는데 도대체 무엇이 문제였을까요?

중학교 성적을 보니 고등학교 성적은 두렵습니다. 다른 아이들은 수학은 몇 년씩 선행한다고 하고, 영어는 중학교 때 다 해둬야지 다른 과목 공부할 시간을 확보한다고 하면서 벌써 수능 영어까지 끝냈다고 합니다. 의외로 국어 성적이 발목을 잡는다고 하니 국어 공부도 해둬야 할 것 같아 걱정입니다. 그렇다고 사회, 과학 과목도 놓칠 수 없습니다.

아이가 공부를 잘하도록 돕고 싶은데 도대체 무엇을 어떻게 해야 할지 막막하기만 합니다. 너무 걱정하지는 마세요. 나만, 우리 아이만 그런 게 아닙니다. 대한민국 대부분의 학부모들이 비슷한 마음일 겁니다. 아이의 중학교 성적에 당황하고 막막할 부모들을 위해 현직 국어, 영어 교사가 머리를 맞대고 의논했습니다. 우리는 중학교 교사이자 중학생의 엄마이기도 합니다. 치열한 논의 끝에,

중등 문해력의 비밀

국어와 영어는 물론이고 어떤 과목이든 공부를 제대로, 잘하기 위해서 반드시 익혀야 하는 것이 바로 문해력이라는 결론을 내렸습니다. 많은 분들이 문해력은 중학생이 되기 전에 키우는 것으로 생각합니다. 하지만 저희 생각은 그렇지 않습니다. 본격적으로 문해력을 키우는 시기는 중학생 때입니다. 중학교 3년 동안 집중적으로 훈련한다면 아이의 문해력은 일취월장할 것입니다.

이 책에 중학교 국어 성적과 영어 성적을 잘 받을 수 있는 비법은 물론, 그 능력을 고등학교 때까지 이어갈 수 있는 다양한 방법을 꼭꼭 눌러 담았습니다. 중학생 자녀의 공부에 도움이 되기를 바랍니다.

영어교사 김수린, 국어교사 배혜림 드림

차례

1장 중학생, 문해력이 문제입니다

2장 위기 탈출, 중등 문해력

3장 집에서 키우는 엄마표 중등 문해력

1장

중학생,
문해력이
문제입니다

1

교실 안, 위기의 문해력

수업을 진행하다 보면 수업 내용을 제대로
이해하지 못하는 아이가 참 많습니다.
모두 문해력이 부족해서라고 하지만, 이 아이들이
이해하지 못하는 이유는 각자 다릅니다.
중학교 수업 시간을 잘 들여다보면 아이들이 어떤
부분을 힘들어하는지 알 수 있습니다.
그러면 빠르게 문해력을 채워 줄 수 있을 거예요.

문제를
이해하지 못하는 아이

학년 초 진단평가 시험 중 정민이가 슬그머니 손을 듭니다. 답을 수정해야 하나 싶어 수정 테이프를 건넸습니다.

"아니요. 이 문제 뜻을 몰라서요."

정민이가 손가락으로 가리킨 것은 '다음 글의 요지로 알맞은 것은?'이라는 문제에서 '요지'라는 단어였습니다. 글의 요지를 묻는 문제는 진단평가나 학교 시험은 물론 수능에도 자주 나옵니다. 영어와 국어 영역의 단골 출제 유형이지요.

요지란 '말이나 글 따위에서 중심이 되는 핵심 내용'을 말합니다. 요지를 찾는 것은 꼭 시험이 아니더라도 글을 읽고 이해하는

데 필요합니다. '요지'라는 단어의 의미를 모른다고 하더라도 '보기' 만 훑어보면 무엇을 답으로 골라야 할지 알 수 있는 문제입니다.

"시험이라 선생님이 알려 줄 순 없어. 하지만 글과 보기를 읽어 보면 답이 무엇인지 알 수 있을 거야."

하지만 정민이는 결국 답을 찾지 못했습니다.

문제를 제대로 읽지 않는 아이들

믿기 어렵겠지만 요즘 중학교 교실에는 정민이처럼 문제 자체를 이해하지 못해서 답을 못하거나 오답을 고르는 아이가 많습니다. 문제 중 모르는 단어가 있어서일 수도 있고, 아는 문제다 싶어 제대로 읽지 않고 성급하게 답을 고르기도 합니다. 둘 다 문제를 제대로 이해하지 못하기는 마찬가지이지요. 아는 문제를 틀리는 사례도 한 번 살펴볼까요?

[11-13] 다음 글을 읽고 물음에 답하시오.

In Brazil, there are many dishes that are made with cassava, a vegetable similar to a potato. I love cassava chips the most. Once when I had a bad day at school and felt stressed out, my best friend bought me a bag of cassava chips. When I started to eat the chips, my stress suddenly disappeared. The crisp sound of eating chips made me feel better. Now, every time

I'm stressed out, I eat cassava chips. Then I feel good again!

출처: 동아출판(윤정미 저) 중학교 3학년 Lesson 2 일부

제시된 영어 지문은 11번, 12번, 13번 문제와 관련된 지문이라 그 부분만 읽고 해당 문제를 풀어야 합니다. 그런데 본문을 통째로 외우거나 이미 한글 해석으로 영어 본문 내용을 다 파악한 아이는 지문에 나와 있지 않은 정보까지 이미 머릿속에 있어 오답을 고릅니다.

주어진 '다음 글'을 제대로 읽지 않는 것이지요. '다음'이 어디까지를 가리키는지 몰라 시험지를 뒤적이는 아이도 있습니다. 친절하게 문항 번호까지 적어두었는데도요.

요즘 지필 시험은 가독성을 위해 질문을 간결하고 명확하게 제시합니다. 지문이 길고 질문이 많아도 다음 장까지 넘기면서 문제를 풀지 않도록 편집하고요. 부정적인 단어(없는, 다른, 어색한)에는 친절하게 밑줄도 그어둡니다. 그런데도 아이들은 문제를 제대로 읽지 못합니다.

잘하는 아이도, 못하는 아이도 어렵긴 마찬가지?

왜 제대로 읽지 않을까요?

많은 아이들이 집중하지 않고 그냥 읽기 때문입니다. 우리가 스마트폰에서 눈에 띄는 제목을 터치하여 빠르게 스크롤하면서 읽

는 것처럼요. 그 기사의 의도나 목적을 분석해 보거나 그 이면의 상황을 들여다보지 않고, '이런 일이 있었구나'로 읽기가 끝납니다.

만일 그것에 대해 더 알고 싶거나 흥미가 생긴다면 관련 키워드를 검색해서 자세히 읽어야 합니다. 어떤 일이 있었는지, 왜 일어났는지 궁금하게 생각하면서요. '왜 하필 그 사람과 같이 있었지?', '대화가 일반적이지 않은데?' 등 의문을 가지며 스스로 이야기를 구성합니다. 사실 우리말도 이렇게 적극적으로 읽기는 어렵지요. 하물며 영어로 된 지문을 스스로 의문을 가지고 이야기를 구성하면서 읽기는 더욱 어렵습니다.

공부를 잘하는 아이도 스스로 읽기보다는 선생님이 정확하게 우리말로 해석해 줄 때까지 기다립니다. 영어의 경우 우리말로 정확하게 해석하지 않고 의미만 설명해 줄 때도 있는데, 아이들은 영어와 우리말을 '정확'하게 일대일로 해석해 주기를 기대하지요.

영어를 못하는 아이는 다른 사람이 읽고 해석하는 것을 듣는 데에 익숙합니다. 선생님이 다 읽고 해석해 주니 굳이 머리 아프게 단어를 외우고 의미를 이해하려고 하지 않지요. 그뿐인가요? 시험 기간에는 학원에서 완벽하게 정리된 자료를 주고, 해석은 번역기의 도움까지 받을 수 있으니 생각하면서 읽을 필요가 없죠. 어떤 정보가 중요한지 그 정보가 어느 부분과 연결되어 있는지 생각하지 않고, 맥락 없이 선생님이 중요하다고 말한 부분만 외웁니다. 그 부분이 왜 중요한지도 모르고요. 시험에서만이라도 꼼꼼하게

중등 문해력의 비밀

읽고 문제를 파악해야 하는데 이미 봤던 텍스트라 대충 읽습니다. 국어를 공부할 때도 마찬가지입니다.

고등학생 때 국어와 영어가 갑자기 어려워지는 이유도 바로 여기에 있습니다. 고등학교 교과서의 본문이 더 길고 복잡하기도 하지만, 모의고사의 경우 어떤 지문이 나올지 모릅니다. 스스로 읽고 추론하지 않으면 풀 수 없는 문제가 많고, 배우지 않았던 내용이 영어나 국어 시험의 지문으로 나옵니다. 모의고사나 수능에 나오는 모든 지문을 학원에서도 완벽하게 대비하기 힘듭니다. 완벽하게 대비할 수도 없고요. 어떤 텍스트가 나와도 스스로 읽고 구성해야 하는데, 그런 연습을 하지 않았으니 중학교 때보다 국어와 영어가 더욱 어렵게 느껴집니다.

많이 풀수록 역효과?

대학생 때 아르바이트로 학원에서 시험 대비 문제를 만든 적이 있습니다. '주격 관계 대명사'에 관한 문제를 만든다면, 주격 관계 대명사 어법이 맞는지, 틀렸는지, 예시 문장과 같은 역할로 쓰였는지, 안 쓰였는지, 사지선다형, 일치형, 단답형, 배열형, 서술형 등 모든 유형의 문제를 만드는 작업이었습니다. 시험이 이 예상 문제 중에서 나오지 않는 게 오히려 이상할 정도로 한 내용에 대해 수십 개의 문제를 제작합니다.

문제 유형과 답을 달달 외우는 거죠. 하지만 이렇게 모든 문제 유형을 다 익힌다고 시험에서 좋은 점수를 받을 수 있을까요? 그렇게 공부해서 좋은 성적을 받을 수 있다면, 좋은 성적을 받기 위해 과목당 몇 백 문제씩 풀어야 할지도 모릅니다. 너무 비효율적인 방법입니다. 시험에 어떤 내용이 어떤 유형으로 나올지 모르니까요. 그보다 문법 개념을 충분히 이해하고, 그 개념과 관련한 글을 여러 번 읽으며 기본을 다지는 쪽이 훨씬 효율적입니다. 처음 접하는 유형이 나와도 당황하지 않고 주어진 텍스트나 보기를 보고 추론할 수 있을 테니까요.

수업에
집중하지 못하는 아이

한창 수업 중인데, 하진이가 손을 듭니다.

"무슨 일이에요?"

"선생님, 화장실 갔다 와도 돼요?"

"화장실? 빨리 다녀와요."

하진이가 돌아오기 무섭게 이번에는 채영이가 손을 듭니다.

"선생님, 저도 화장실 갔다 와도 돼요?"

"너도? 얼른 다녀와요."

채영이 뒤로도 서너 명이 줄줄이 화장실에 다녀온다며 손을 듭니다.

수업 중에 화장실을 찾는 아이들

참 이상하지요. 수업이 막 시작하거나 마치는 시간이 아닌, 항상 수업 시작 후 20분쯤 지나 손을 드니까요. 한 명이 들면 너도나도 들기 시작하고요. 게다가 화장실에서 뭘 하는지 늘 10분 이상 지나서 돌아옵니다.

화장실을 자주 가는 아이들에게 건강상의 문제가 있는 것은 아닌지 조심스럽게 물었습니다. 그런 건 아니고 그냥 화장실에 가고 싶었다고 합니다. 국어 시간 말고는 영어, 수학, 사회 시간에도 화장실에 가고 싶답니다. 음악이나 미술, 체육 시간에는 잘 가지 않는다고요. 이런 학생이 한두 명이 아닙니다.

과연 수업 시간에 화장실을 갈 만큼 볼일이 급했을까요? 쉬는 시간을 두고 왜 수업 시간만 되면 화장실에 가는 걸까요? 국어, 영어 시간에는 화장실에 가고 싶던 아이가 음악, 미술, 체육 시간에는 왜 가지 않는 걸까요?

수업 시간마다 '화장실에 가고 싶어 하는 아이'를 유심히 관찰해 보았습니다. 이 아이들은 수업을 제대로 듣지 않습니다. 집중하지 않는 거죠. 계속해서 필통을 뒤적이거나 물병을 만지고, 심지어 다른 과목 교과서를 올려두기도 합니다. 선생님이 방금 이야기한 내용도 옆의 친구에게 묻고요. 의자를 뒤로 반쯤 젖혀서 흔들거리다가 창문 밖을 멍하니 쳐다봅니다.

주의를 주면 잠시 멈추지만 또다시 수업과 관계없는 행동을 합

중등 문해력의 비밀

니다. 그조차 견디기 힘들다 싶으면 화장실에 간다고 손을 드는 거죠. 그 아이들에게 화장실은 수업을 피해 도망가기 위한 휴식 공간인 셈입니다. 수업에 집중하지 않으니 내용을 이해하지 못하고, 그다음 시간에도 앞의 내용을 모르니 집중이 안 됩니다. 이런 과정이 계속되면 재미도 없어지고요. 어떻게든 버텨보지만 국어나 영어 수업은 거의 매일 있다 보니 버티기 힘듭니다. 화장실을 드나들다 보면 결국 그 시간의 수업 내용을 이해할 수 없게 됩니다. 이것이 1년이 되고, 2년이 되면 그 차이는 엄청나지요.

교과서를 읽지 못하는 아이

수업 시간에 집중하지 못하는 아이는 세 부류로 나눌 수 있습니다. 바로 교과서를 읽지 못하는 아이, 교과서가 어려운 아이, 그리고 교과서가 너무 쉬운 아이입니다. 이유는 각기 다르지만 수업에 몰입하지 못한다는 점은 같습니다. 특히 영어의 경우 초등학교 때부터 영어가 힘들었던 경우가 많습니다. 초등 영어 수업 시간은 노래와 게임으로 즐겁게 배우지만, 유치원부터 영어를 배워 원어민 못지않게 발음하는 친구들 틈에서 이 아이들은 입도 벙긋하지 못했습니다.

영어 시간마다 보건실을 찾고, 다 함께 문장을 소리 내어 읽자고 해도 늘 모르겠다고 하는 성민이를 따로 불렀습니다.

"성민아, 영어 시간마다 힘들지 않아? 선생님은 전혀 모르는 글자와 발음을 40분 내내 들으면 너무 힘들 것 같은데. 이번에 운영하는 교과 보충 수업 같이할래? 발음부터 배우는 수업이야. 이것만 배워도 단어 정도는 읽을 수 있을 거야."

"별로 힘들지 않은데요. 초등학교 때부터 아무것도 안 해서 괜찮아요. 저 조용히 잘 있을 수 있어요."

그렇습니다. 성민이는 초등 3학년부터 영어 수업을 알아듣지 못해도 한 귀로 듣고 한 귀로 흘리면서 버텼던 것입니다. 4년을 그렇게 지냈더니 나름대로 '선생님의 눈에 띌 만큼 산만하게 굴지 않으면서 아무것도 하지 않고 40분 정도는 거뜬히(?) 앉아 있을 수 있는 내공'이 생긴 거지요. 대수롭지 않게 그런 말을 하는 성민이의 이야기에 씁쓸해졌습니다.

교과서를 이해하지 못하는 아이

교과서 텍스트를 읽을 수는 있지만, 그 내용과 행간의 의미를 이해하지 못하는 아이도 있습니다. 간단한 문장은 해석할 수 있지만 조금이라도 문장이 길어지거나 내용이 많아지면 머리가 하얗게 되지요. 그 예로 교과서에 나오는 본문의 일부를 살펴볼까요.

Hi My name is Tabin, and I live near the Gobi Desert in Mongolia. I'm happy when I ride my horse. Horses are important in our culture. Almost everyone can ride a horse in Mongolia. In

중등 문해력의 비밀

fact, we say, "We ride horses before we can walk."

I take good care of my horse. I often brush him and give him some carrots. I enjoy riding especially in the evening before the sunset. Then the sky is red, and everything is peaceful.

– 동아출판(윤정미 저), 중학교 2학년, Lesson 1 일부

"지수야, 셋째 줄에 있는 'We ride horses before we can walk.'는 무슨 뜻일까?"

"우리는 말들을 탄다. 걸을 수 있기 전에. 라는 뜻이죠."

"그러니까 그 말의 의미가 뭘까?"

"……."

제가 기대하는 대답은 '걷기 전에 말을 탄다는 말이 있을 정도로 몽골인들은 일찍 말을 탄다.'였습니다. 그런데 지수는 단어 하나하나의 뜻은 알지만 내용을 이해하지 못했습니다. 문맥을 파악하기 위해 문장 앞뒤를 읽고 맥락을 이해하는 전략도 몰랐습니다. (이 전략은 배워서 알기보다 독서를 통해 스스로 깨쳐야 합니다. 그 누구도 타인의 뇌 속에서 내용을 정리해 줄 수는 없으니까요.) 선생님이 영어 문장을 하나하나 꼼꼼하게 해석하며 설명하면 그 순간에는 이해가 되는 것 같지만 다음 시간이면 전혀 기억나지 않습니다. 기억이 나지 않으니 학습지도 혼자 풀기 힘듭니다. 반복되다 보니 수업이 지루하게 느껴질 수밖에요.

대충 읽는 아이

영어를 많이 공부한 아이라고 해서 반드시 영어 시간을 좋아하는 것은 아닙니다. 주재원인 아버지를 따라 외국에서 4년 정도 있었던 혜지는 오히려 영어 시간이 지루합니다. 10분이면 읽을 수 있는 글을 선생님은 일주일 넘게 설명하니까요. 선생님의 질문에 대답하지 못하는 몇몇 친구들을 보면 답답하기까지 합니다. 학습지도 너무 쉽고, 왜 길지도 않은 글을 이렇게도 분석하며 읽어야 하는지 이해가 되지 않습니다.

그런 혜지가 지필고사에서 80점을 받았습니다. 영어만큼은 누구보다 자신 있었는데 자존심이 상했는지 교무실에 찾아왔습니다. 틀린 문제들 중 특히 이해되지 않는 것이 바로 이 문제였습니다.

윗글에서(위 참조)에서 'the sky is red'의 의미로 가장 적절한 것은?

① 몽골의 하늘은 붉은색이다.

② 말을 타면 하늘이 붉게 보인다.

③ 더운 날씨 때문에 하늘이 붉게 보인다.

④ 밤을 밝히기 위해 불을 피워 하늘이 붉어진다.

⑤ 해질 무렵에 하늘이 햇빛에 물들어 붉어진다.

정답은 ⑤번입니다. 문제의 지문에는 해가 지기 전 (before the sunset) 저녁evening에 하늘이 붉다는 표현이 마지막 문장에 명확하게 나와 있지요. 그런데 혜지가 고른 대답은 놀랍게도 ③번이었습니다.

"왜 ③번이라고 생각했어?"

"몽골이고 사막desert에 산다고 하니까……."

"텍스트를 끝까지 읽었니? 혜지 실력이면 절대 틀릴 수 없는 문제인데."

"모르겠어요. 그냥 앞부분만 읽고 답을 고른 것 같아요."

영어를 충분히 안다는 생각에 제시된 지문을 대충 읽은 겁니다. 본문을 대충 읽는 습관은 외국에서 살다 온 아이만 갖고 있는 게 아닙니다. 영어 선행을 한 아이들도 마찬가지입니다. 영어 교과서 본문 정도는 쉽다는 생각에 수업 시간에 집중하지 않고, 텍스트 역시 대충 읽는 경향이 있습니다.

긴 글이
두려운 아이

　많은 아이가 스스로 교과서를 읽고 공부하기보다 선생님이 교과서 문제의 답을 불러주고 그걸 그대로 따라 써서 외우기만 합니다. 스스로 읽고, 글의 내용을 파악하는 것이 공부의 기본인데도요.

　국어 교과서에는 단편 소설 한 편이 오롯이 제시되어 있습니다. 평소 책을 잘 읽지 않더라도 교과서에 있는 작품만큼은 읽어야 하므로, 교사인 저도 작품 읽기만큼은 활동에 꼭 넣으려고 합니다. 성적에 반영된다고 하면 아이들은 어떻게든 읽으려고 하거든요.

　물론 단순히 성적을 위한 것이 아니라 스스로 한 편의 소설을 읽는 기회가 되길 바라는 마음으로 활동을 준비합니다. 교육적인 효과만으로 활동을 기획하기에는 자발적으로 참여하는 아이가 그리 많지 않거든요. 교과서에 실린 작품은 길이가 짧은 단편 소설이 대부분이라 그다지 힘들이지 않고 읽겠다 싶었습니다.

15분 집중도 어려운 아이들

이번 소설은 '기억 속의 들꽃'입니다. 교과서 32~56쪽으로, 총 24쪽 분량입니다. 교과서에는 글뿐 아니라, 아이들의 이해를 돕기 위해 삽화도 있습니다. 초등학교 3학년 정도의 아이가 이야기하는 형식으로 쓴 소설이라 내용도 쉬운 편입니다. 삽화를 빼고 글만 있는 쪽을 계산하니 대략 19쪽이었습니다. 제가 읽어보니 5분 정도 걸리더군요. 아이들에게는 3배인 15분을 읽기 시간으로 주기로 했습니다.

수업 시간이 되었습니다. 아이들에게 혼자 조용히 소설을 읽으라고 했습니다. 다 읽은 다음 이어서 활동도 할 테니 집중해서 읽으라고 했지요. 5분이 지났을까요, 킥킥거리는 소리가 들립니다.

"무슨 일이에요? 왜 웃는 소리가 들리죠?"

"아, 아니에요."

주어진 시간에 책을 읽는 아이가 대부분이지만 꽤 많은 아이가 15분을 참지 못합니다. 제 눈치를 살피며 옆자리 친구에게 장난을 걸기도 하고, 읽지는 않고 얼마나 남았는지 계속 책장을 넘기며 남은 쪽수를 확인합니다. 다른 아이들에게 방해되지 않도록 읽기 시간이 끝난 뒤 이야기해야겠다 싶어 떠드는 아이들 바로 옆에 서서 무언의 압박을 하며 독서 분위기를 유지했습니다.

제시한 15분이 지났습니다. 집중했던 아이가 많아 대부분 읽었으리라 생각했습니다. 그런데 아이들이 제일 처음 한 말이 뭔지 아세요?

"아! 선생님, 아직 절반도 다 못 읽었어요."

쉬워도 어려운 국어

학습적인 내용이 담겨 있어서 한 글자 한 글자 꾹꾹 눌러 읽어야 하는 비문학 글은 시간이 걸릴 수 있습니다. 하지만 재미를 바탕으로 빠르게 읽으며 그 흐름을 따라가야 하는 문학 작품은 대부분 한 쪽을 읽는 데 1분이 채 걸리지 않습니다. 게다가 이 소설은 한 쪽에 글자 수도 많지 않습니다. 초등 중학년 아이들이 읽는 문고판 정도의 양입니다.

놀랍게도 시간 안에 다 읽은 아이는 단 한 명도 없었습니다. 그래서 10분을 더 주었습니다. 하지만 그 시간에도 다 읽지 못한 아이가 많았습니다.

국어는 다른 과목을 학습하는 데 도구가 되는 기본 교과입니다. 다양한 글을 읽고, 이해할 수 있는 연습을 하기 때문에 암기하거나 반복하는 학습적인 내용이 많지 않습니다. 다양한 종류의 글을 읽으며 어떻게 읽을 것인지, 어떻게 쓸 것인지, 어떻게 말할 것인지에 집중합니다. 국어 교과서에 있는 짧은 소설을 시간 안에 읽어내지 못한다면 내용이 중요한 비문학 글인 다른 과목의 교과서를 어떻게 읽을지는 불 보듯 뻔합니다.

책은 못 읽고 문제집은 읽는 아이

아이들이 긴 글을 읽지 못하는 이유는 문제집으로 국어를 공부하면서 짧은 글에 익숙해져 버렸기 때문입니다. 책을 한참 읽어야 하는 초등학교 시기에도 학습지나 문제집의 짧은 글을 읽고, 문제를 풀 뿐 두 쪽 넘는 긴 글을 읽지 않습니다. 게다가 인터넷에서 줄거리나 내용을 검색할 수 있으니, 오롯이 혼자 책을 읽어내려고 하지 않습니다. 학년이 올라갈수록 다른 과목 학습에 밀려 긴 글을 읽을 시간이 부족합니다. 그러니 국어 교과서에 제시된 작품조차 제대로 읽지 못하지요.

대한민국 모든 아이들이 배우는 교과서의 작품은 그 학년의 아이라면 읽을 수 있는 수준으로 선정합니다. 교과서에 제시된 작품을 읽을 수 있어야 그 학년에서 필요한 최소한의 읽기 능력과 문해력을 갖고 있다고 볼 수 있습니다. 그 능력을 갖추어야 다른 과목의 학습까지 나아갈 수 있고요. 이를 위해서는 긴 호흡으로 글을 읽는 훈련이 필요합니다.

추천 도서가
어려운 아이

서현이는 독서 수준이 매우 높습니다. 중학생용 추천 도서뿐 아니라 고등학생용 추천 도서까지 충분히 읽습니다. 가끔 성인이 읽기에도 어려울 것 같은 책도 읽습니다. 서현이와 이야기를 나누면 생각의 깊이가 남다르다는 생각이 절로 들지요.

같은 반 동우는 그렇지 못합니다. 국어 수업 시간에 책을 읽는데, 중학생용 추천 도서를 읽다가 무슨 말인지 하나도 이해 안 된다며 책을 덮고 잠든 적이 부지기수입니다. 분명 중학생용 추천 도서라는데 중학교 최고 학년인 3학년 동우에게는 너무 어렵기만 합니다.

중등 문해력의 비밀

추천 도서가 어려운 중학생

오늘 '한 학기 한 권 읽기 시간'에도 동우는 멍하게 있습니다. 어느 순간 책상에 엎드립니다. 가까이 다가갔더니 이미 깊이 잠들었습니다. 여러 번 깨웠지만 일어날 생각이 없어 보입니다. 수업이 끝나고 동우를 살짝 불렀습니다.

"동우야, 혹시 이번 시간에 읽은 책이 어려웠어?"

"아니요. 재미가 없었어요."

"그럼 네가 좋아할 만한 다른 책을 추천해 줄게. 혹시 너는 어떤 책을 좋아해?"

"별로 좋아하는 게 없어요."

"그럼 교과서에서 재미있었던 글은 없었어?"

"음, 교과서는 무슨 말인지 모르겠어요."

동우는 수업을 들을 때는 대충 무슨 말인지 알겠다 싶어도, 혼자서 교과서를 보면 이해가 안 된다고 했습니다.

"초등학교 때는 책을 많이 읽었니?"

"아니요. 그래도 공부는 그럭저럭 했어요. 단원 평가를 보면 늘 80점 정도는 받았거든요."

그런데 중학생이 되니 공부할 양이 많아지고, 그걸 다 공부하려니 너무 힘들답니다. 국어는 물론 다른 과목도 어렵고 이해가 되질 않는다네요. 글자가 크고 그림이 많은 책은 읽지만 글만 있는 책은 집중이 안 되고 재미도 없다고 합니다. 그래서 책 읽기 시간에는 너무 졸린답니다.

"선생님이 가져오는 책 꾸러미에 초등학생이 읽는 쉬운 책도 있
어. 그거 읽는 거는 어때?"

"아, 선생님. 그래도 제가 중3인데 초등학생 책은 아니죠."

동우는 괜히 자존심을 내세우며 글이 많은 책을 고르고 오늘
도 그 책을 베개 삼아 잠이 듭니다.

수준에 맞게 추천 도서 활용하기

학교마다 독서 목록을 만드는데요. 이때 국어 교사나 사서 교
사가 일방적으로 정하는 것이 아니라 각 과목 선생님의 추천을
받습니다. 선생님들이 직접 읽어 보고 우리 학교 아이들도 함께
읽으면 좋겠다 싶은 책들을 추천하지요. 책따세나 전국 국어교사
모임과 같은 국어 교사가 제시한 도서 목록을 참고하기도 하지만
가장 중요한 것은 독서 수준입니다. 그래서 같은 학년이라도 학교
마다 조금씩 차이가 날 수 있습니다. 선생님들은 우리 학교 아이
들이 재미있게 읽을 수 있는 수준과 주제의 책을 선정하려고 합
니다.

내 아이의 수준이 궁금하실 텐데요. 시험 문제 출제를 예로 들
어볼게요. 교사는 시험 문제를 낼 때 평균 점수가 60~70점 정도
가 되도록 출제합니다. 그런데 실제 시험을 보고 아이들의 성적을
보면 0~100점으로 다양합니다. 그 성적을 모두 합해 평균을 내면

60~70점이 되는 거지요.

만일 아이가 받은 점수가 평균 점수 이하라면 시험 문제나 내용을 탓할 게 아니라 아이의 수준을 점검해야 합니다. 또래에 비해 읽기 수준이 낮은 것은 아닌지, 초등학교에서 필수적으로 배웠어야 할 내용이 누락된 것은 아닌지 살펴봐야 하죠.

학교에서 추천해 준 도서 목록도 마찬가지입니다. 아무리 수준에 맞는 추천 도서 목록을 만든다 해도 그건 평균치입니다. 내 아이의 독서 수준을 살펴보고, 만일 아이가 중학교 추천 도서를 읽지 못한다면 아이의 수준에 맞는 책을 찾아야 합니다.

추천 도서 목록 중에서 쪽수가 적은 것부터 공략하거나 아이가 좋아할 만한 내용을 다룬 것부터 읽는 것을 추천합니다. 쪽수는 인터넷 서점을 검색하면 쉽게 찾을 수 있습니다. 책을 읽지 못해 생긴 문제는 책을 읽어서 해결해야 합니다.

지나치게 추천 도서 목록을 맹신할 필요는 없습니다. 하지만 추천 도서 목록은 아이의 독서에 가이드 역할을 합니다. 아이의 학년에 해당하는 추천 도서 목록을 읽어보고 충분히 이해하면서 잘 읽는다면 그대로 읽어도 무방합니다. 만일 추천 도서 목록의 책들을 제대로 이해하지 못한다거나 싫다며 읽지 않으려고 한다면 아이의 학년보다 두 개 학년 이하의 추천 도서 목록에서 아이의 관심사와 관련된 책을 골라 읽게 해주세요.

읽었지만
읽지 않은 아이

책을 읽고, 관련 문제까지 풀었지만 전체적인 내용을 이해하지 못하는 아이가 많습니다. 분명히 읽었는데 모르겠다고 합니다. 이유는 '스스로' 읽지 않았기 때문인데요. 제대로, 스스로 읽었는지 확인하려면 3가지 단계가 필요합니다. 핵심어 찾기, 내용 구조화하기, 다시 자신의 언어로 말하거나 쓰기가 바로 그 단계입니다.

핵심어가 어디 있나요

영어 본문을 다 가르친 후 정리하는 활동을 하는데요. 제가 주로 사용하는 활동은 그래픽오거나이저Graphic Organizer입니다. 그래픽오거나이저란 글의 구조나 주요 내용을 시각화해서 나타낸 것입니다. 스토리는 배경, 등장인물, 주요 사건을 중심으로 정리하고, 설명문은 핵심 내용을 키워드 중심으로 정리합니다. 여기서 중요한 것은 각자 이해한 방식으로 구조화하는 건데요. 자신만의 방법으로 직접 정리하는 거죠.

글(235쪽 참고)을 읽고 내용을 요약하는 그래픽오거나이저 활동 시간이었습니다. 영어를 좋아하고 열심히 수업에 참여했던 민우는 공책 가득 영어로 쓰고 있었습니다. 어떻게 정리했을지 기대하며 공책을 살펴보았습니다. 그런데 민우는 영어를 그대로 공책에 옮겨 쓰고 있었습니다.

"민우야. 영어를 그대로 쓰는 게 아니고 내용을 정리하는 거야.

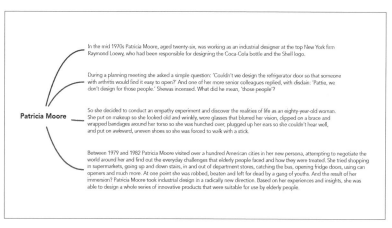

민우의 그래픽오거나이저, 출처: www.romankrznaric.com/outrospection/2009/11/01/117

문장으로 쓰지 말고 내용을 잘 읽고 핵심 단어를 써야 해. 그리고 관련된 내용을 연결하는 거지."

"뭐가 핵심인지 잘 모르겠어요. 전부 중요한 것 같아요. 연결하는 것도 잘 모르겠어요."

민우는 핵심어를 찾고 내용을 연결하거나 비슷한 내용을 묶는 과정을 어려워했습니다. 나름 구조화했지만 자신이 쓴 것을 보고도 내용을 제대로 말하지 못했지요.

반면, 현서가 작성한 그래픽오거나이저는 내용이 한눈에 들어왔습니다. 글을 전체적으로 읽지 않아도 어떤 내용을 말하고 있는지 알 수 있지요. 모든 문장을 다 써 놓지 않았지만 자신의 그래픽오거나이저를 보고 내용을 자기의 말로 잘 표현했습니다.

두 학생의 그래픽오거나이저를 보면 누가 글을 잘 이해하고 요약했는지 알 수 있습니다.

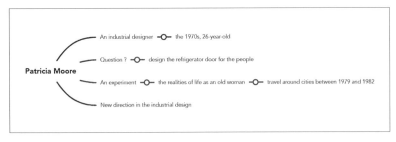

현서의 그래픽오거나이저

중등 문해력의 비밀

무조건 외우는 아이들

시험 기간이 되면 대부분 영어 본문을 외우려고 합니다. 그리고 불안한 눈으로 질문하지요.

"선생님, 영어 본문 다 외우면 100점 맞을 수 있나요?"

"글쎄, 맞을 수도 있고, 아닐 수도 있지?"

"완벽하게 외워도요?"

"본문의 내용을 완벽하게 이해하고 표현까지 한다면 굳이 모든 문장을 외울 필요는 없어. 고등학교는 외울 수도 없을 만큼 본문이 길고, 준비해야 할 다른 과목이 많아. 그러니까 본문을 무조건 외우려고만 하지 말고 천천히 읽으면서 내용을 되새기는 연습이 필요해. 그리고 학습 목표가 바로 중요한 내용이야. 선생님이 강조한 것도 그 부분이니 특히 집중해서 공부해봐."

영어 본문을 통째로 외우는 것은 영어 공부를 하는 데 아주 좋은 방법입니다. 소리를 내어 본문을 계속 읽다 보면 발음도 좋아지고, 표현이나 문장을 자연스럽게 익힐 수 있거든요. 하지만 내용을 이해하지 못하고 그냥 외우려고 하면 외워지지 않을 뿐 아니라 외워도 금방 잊어버립니다. 무엇이 중요한지, 흐름이 어떤지 생각 없이 외우는 건 의미 없습니다.

글은 뇌로 읽어야 한다

글은 입과 눈으로 읽는 것이 아닙니다. 바로 '머리'로 읽어야 합니다. 입으로 단어를 소리 내어 읽고 눈으로 영어 문장을 읽을 수는 있지만, 머리로는 내용을 이해하지 못하는 아이가 많습니다. 흔히 '해석'이 안 된다고 하지요. 스스로 '해석'하지 못하면서 선생님이 해석하면 '이해'되는 것 같습니다. 자신이 해석했다고 생각하는 거죠. 하지만 이렇게 공부하면 다른 텍스트를 만났을 때 또 어렵게 느낍니다.

텍스트를 제대로 이해하려면 '적극적인 읽기'가 매우 중요합니다. 자주 나오지만 의미를 알지 못하는 단어에 표시하고, 단어가 어떤 상황에서 쓰였는지, 주인공의 감정은 어떻게 변화하는지, 결정적인 사건은 무엇인지 등을 파악해야 합니다. 이것은 선생님이 알려 주고, 강조한다고 해서 이해할 수 있는 게 아닙니다. 스스로 글을 소리 내어 읽고, 모르는 단어는 문맥을 통해 의미를 예상해서 이해해야 합니다. 완전히 내용이 이해되지 않으면 선생님께 질문하거나 앞뒤 문장을 읽으며 의미를 찾고, 자신의 생각을 정리하며 읽는 연습이 필요합니다. 읽기 과정과 읽기 연습은 아무리 유능한 일타강사라도 절대 해 줄 수 없습니다. 읽는 사람이 직접 해 보고 익혀야 하는 겁니다.

읽기는 평생 배움의 과정에서 반드시 필요합니다. 특히 인터넷 정보의 70퍼센트 이상이 영어로 되어 있는 글로벌 시대에 아무리 번역기가 발전하더라도 제대로 된 정보를 얻고 판단하기 위해서는 영어를 제대로 읽는 연습이 필요합니다.

중등 문해력의 비밀

2

중등 문해력, 어떻게 키울까

"곧 초등학교 입학인데 아이가 책을 잘 못 읽어요.
이미 늦은 것 같아요."라고 옆집 예비 초등학생
부모가 말한다면 어떤 말을 해주시겠어요?
큰일 아니라는 듯이 여유롭게 말할 겁니다.
지금 중학생 자녀를 둔 부모님께도 이렇게
말씀드리고 싶어요.
"지금도 늦지 않았어요. 걱정하지 마세요.
충분히 준비할 수 있는 나이입니다."

문해력에 어휘력이
얼마나 중요한가요?

 문해력이란 단순히 글을 읽고 이해하는 것을 넘어 글에서 자신에게 필요한 정보를 찾아 효율적으로 활용하는 것까지 말합니다. 제대로 이해하고 그것을 효율적으로 활용하기 위해서는 먼저 그 글을 이루고 있는 어휘의 뜻을 제대로 알아야 합니다. 그래야 그 어휘들이 연결되어 있는 문장을 이해해서 자신에게 맞게 다룰 수 있기 때문이죠. 문장을 제대로 이해한다는 건 그 문장의 표면적인 의미를 이해하는 것뿐 아니라 그 이면에 담겨 있는 의미, 글쓴이의 의도를 알고, 그것을 통해 내 생각을 정리하는 데까지 나아간다는 뜻입니다.

예를 들어 과학 관련 책을 읽고 이해하는 것에서 끝나는 것이 아니라 중요한 개념을 정리하고 공부한 내용을 바탕으로 실생활에서 사용하는 과학적 원리까지 연결해서 생각하는 것, 관련 정보를 더 찾아볼 수 있는 능력이 바로 문해력입니다.

국어 문해력의 기본은 어휘력

우리가 읽는 글은 대부분 국어로 이루어져 있습니다. 그래서 국어 문해력을 제대로 갖춰야 국어뿐 아니라 다른 과목도 제대로 공부할 수 있습니다. 이때 가장 중요한 것은 어휘입니다.

아무리 문해력을 키울 수 있다는 모든 방법을 다 동원해도 어휘의 뜻을 모르면 글을 이해할 수 없습니다. 모르는 어휘가 많으면 구멍이 많은 누더기 상태로 이해할 수밖에 없는 거죠. 글의 흐름을 찾고, 그 속에 담긴 의미까지 읽어내기 힘듭니다. 어휘의 구멍에 두 다리가 푹푹 빠지면 원하는 목표까지 도달하기는 더욱 힘들겠지요. 결국 원래 목표와는 다른 곳에 도착하거나 목표 지점에 도달하기 전에 포기하고 말 겁니다. 글의 내용을 이상하게 이해하거나 읽어내지 못하는 거죠. 문해력의 기본은 어휘입니다.

단어는 영어의 기본

영어 역시 텍스트를 구성하는 기본 단어가 당연히 중요할 수밖에 없습니다. 영어 단어를 많이 알고 있어야 당연히 영어로 된 다양한 글을 읽고, 활용할 수 있으니까요.

일반적으로 영어 텍스트를 이해하기 위해서는 그 텍스트에 있는 단어의 95%를 알고 있어야 한다고 합니다. 100개 단어로 이루어진 본문 중 5개의 주요 단어만 몰라도 이해하기 어렵다는 뜻이죠. 즉, 텍스트에 있는 대부분의 단어를 알아야 읽고 이해할 수 있습니다.

혹자는 많이 읽다 보면 맥락 속에서 영어 단어를 자연스럽게 익힐 수 있다고 하지만 영어 원서나 신문을 한 번이라도 읽어 본 사람은 이해할 겁니다. 영어의 구조나 단어를 거의 모르는 채, 텍스트 맥락만으로 단어의 의미를 유추하기란 거의 불가능하다는 걸요. 이미 많은 단어를 알고, 중학교 수준의 문법은 이해한 상태에서 다양한 영어 텍스트를 많이 읽어야만 조금씩 맥락을 이해할 수 있습니다.

영어 단어 암기 비법

영어 단어는 무조건 외워야 합니다. '무조건 외우기'라는 표현에 벌써 질릴 수 있습니다. 무조건 외우라고 하니 종이에 수십 번씩 쓰는 아이도 있고요. '저는 원래 외우는 건 못해요.'라고 시작 전부터 포기하는 아이도 있습니다.

"사람은 원래 다 잊어버려. 선생님도 그래. 당연히 방금 본 것도 잊어버리고, 심지어 적어 놓은 사실도 잊을 때가 많아. 그래서 많이 쓰고, 읽고, 자주 봐. 반복밖에 방법이 없어. 외우는 걸 못한다고? 머리가 나쁘다고? 너희가 머리가 나쁘지 않고 충분히 단어를 외울 수 있다는 걸 보여줄게."

저는 수업 시간 처음 10분 동안 늘 그 단원의 단어 점검부터 합니다. 단어의 중요함을 알기에 아무리 학생 수가 많아도 한 명도 빠뜨리지 않고 매시간 아이들의 이름을 부릅니다.

교사: 지우야, 전통적인?

지우: traditional

교사: 동연아, language?

동연: 언어

교사: 미소야, traditional?

미소: 전통적인

교사: language?

미소: 언어

3주 동안 같은 단어를 영어 시간마다 시킵니다. 잘 못 외우는 아이들은 바로 앞에 대답한 단어를 그대로 물어보고, 잘하는 아이는 5개 이상 한꺼번에 물어보기도 합니다.

"선생님, 저 단어를 잘 못 외우는데 신기하게 이번 단어는 다 외웠어요."

"단어를 물어보는 선생님의 목소리가 귓가에 맴돌아요."

"외우려고 안 했는데, 기억이 나니 신기해요."

특별한 비법이 있는 건 아닙니다. 그저 단어와 뜻을 계속 반복해서 묻고 대답하게 하는 거죠. 아이들은 질문에 대답하기 위해 다른 친구의 답을 귀 기울여 듣고, 필기한 내용을 스스로 찾으며 외운 거죠. 수업 시작할 때 단어 점검한다는 걸 알기 때문에 영어 수업 시작 전부터 아이들은 단어 목록을 읽고 있습니다.

흔히 많은 양의 단어를 알려 주고 단어 시험을 보면 단어를 많이 알 거라고 생각합니다. 물론 시험은 암기한 것을 확인하는 데 좋은 방법이지요. 하지만, 시험을 보고 나면 금세 다 잊어버리기도 합니다. 단기간에 많은 단어를 외우는 것보다 적은 개수의 단어라도 오랫동안 기억하고 활용하는 것이 더 중요합니다. 그러기 위해서는 단어와 의미를 소리 내어 여러 번, 자주 읽어야 합니다. 이것이 단어를 암기하는 최고의 비법입니다.

인터넷에 다 나오는데
책을 꼭 읽어야 하나요?

독후감을 쓰라고 하면 절대 빠지지 않는 것이 줄거리입니다. 줄거리는 분량을 채우기 좋은 부분이거든요. 스스로 책을 앞뒤로 찾아가며 줄거리를 요약하면 그나마 도움이 되는데 요즘은 인터넷에 정보가 있으니 아예 읽지도 않고 검색해서 줄거리를 베껴 냅니다.

베껴 내지 말고 읽고 스스로 요약해야 한다고 여러 번 말하지만, 잘 정리되어 있는 것을 그대로 쓰는 것이 무엇이 문제냐고 많은 아이가 반문합니다.

없는 것이 없는 보물 창고, 인터넷에 없는 것

인터넷은 참 신기한 보물 창고입니다. 궁금한 것을 검색하면 모든 것이 다 나옵니다. 내가 힘들게 오랜 시간을 들여 책을 읽지 않아도 줄거리를 검색하면 인터넷에 다 나옵니다. 이 줄거리만 다 읽어도 책 한 권의 내용을 다 이해할 수 있으니 얼마나 편리한가요. 시간도 아낄 수 있고요. 굳이 시간을 들여 불편하게 책을 읽어야 하냐고 물으신다면, 제 대답은 완고합니다.

"네, 책의 완전한 글을 읽어야 합니다."

책으로 읽어야 하는 이유는 인터넷에 있는 줄거리만으로는 책에 담긴 의미를 완전히 이해할 수 없기 때문이지요. 줄거리는 그 글을 읽은 누군가가 자기 나름의 기준으로 내용을 요약한 것입니다. 읽은 사람의 생각이지 내 생각이 아닙니다.

요약한다는 건 글을 읽고 그 글 속에 담긴 의미를 생각하며 나의 생각을 넣는 것입니다. 줄거리 쓰기를 단지 글의 내용을 줄인다고만 생각할 수 있지만 요약된 글 속에는 그 글을 요약하는 사람의 생각이나 느낌이 포함되어 있습니다. 사람마다 중요하다고 생각하는 부분이 다르고, 이해의 정도나 감정의 깊이가 다르니까요. 글을 읽고 요약할 수 있다는 것은 문해력을 갖추었다는 뜻입니다.

중등 문해력의 비밀

요약하는 사람의 의도가 담긴 줄거리

혹시 귓속말로 말을 전달하는 게임을 한 적 있나요? 네다섯 명이 줄을 서서 귓속말로 단어나 문장을 전달하는 거예요. 몇 사람 거치지 않았는데도 처음에 말한 사람과 마지막에 말하는 사람의 말은 완전히 달라져 있는 경우가 많습니다. 알고 보면 중간에서 누군가가 잘 못 듣고 전달을 제대로 못 한 거죠.

이렇게 어떤 이야기든 누군가를 거치면 원래 이야기와 다르게 전달되는 경우가 많습니다. 책을 요약한 글도 마찬가지입니다. 요약은 요약하는 사람의 생각이나 느낌, 의도가 포함됩니다. 그래서 누군가가 요약해 놓은 줄거리만을 읽으면 책을 쓴 작가의 의도나 생각과 다르게 이해하거나 받아들일 수 있습니다. 요약한 글에는 요약한 사람의 의도가 담겨 있어 작가가 이야기하고자 하는 의도와 자칫 다르게 이해할 수도 있습니다. 이것은 귓속말로 말을 전달하는 게임처럼 읽는 사람에게 오해를 불러일으킬 수도 있고요.

아이들이 독후감을 많이 쓰는 작품으로 『우아한 거짓말』이라는 소설이 있는데요. 아이들은 독후감에 천지의 억울함과 만지의 이야기만 담았습니다. 제가 직접 그 소설을 읽기 전까지는 천지와 만지의 엄마가 소설에 등장하는 줄도 몰랐습니다. 수많은 아이의 줄거리에서 그 두 아이 엄마의 이야기는 한 번도 등장하지 않았거든요. 하지만 그 작품을 다 읽고 나니 천지와 만지의 아픔도 아픔이었지만 제게는 천지와 만지 엄마의 찢어지는 아픔이 더 크게 와닿았습니다. 그 후로 아이들이 쓴 『우아한 거짓말』 독후감을 읽을 때 좀 다르게 읽혔습니다.

이처럼 요약된 글을 읽을 때, 그 책의 내용을 잘 알고 있는 상태라면 어떤 줄거리를 보더라도 자신의 기준으로 판단할 수 있지만, 만약 글을 읽지 않은 상태라면 원래 책의 의도를 전혀 모르기 때문에 요약한 사람의 생각대로 받아들이게 됩니다.

남의 요약으로는 작품 속의 섬세한 설계를 읽어낼 수 없다

드라마나 영화도 인터넷을 찾아보면 짧은 몇 분의 영상으로 만든 줄거리를 볼 수 있습니다. 그 영상을 통해 줄거리는 파악할 수 있지만 그것을 통해 등장인물들의 세세한 심리 묘사나 작가가 은밀하게 숨겨 놓은 복선 등을 눈치챌 수는 없습니다. 단지 전체 줄거리를 짐작할 뿐이지요. 그러나 그 드라마나 영화를 제대로 본 사람은 자세한 내용을 알고 있으니 요약된 영상을 보더라도 그 안에 함축된 의미를 읽을 수 있지요.

책을 읽는 것도 마찬가지입니다. 소설이라면 작가가 의도적으로 소설 속에 설치해 놓은 장치나 등장인물들의 심리 등 굉장히 섬세한 설계가 많습니다. 그런데 인터넷에 요약해 놓은 내용만을 읽어서는 그것을 이해할 수 없을 가능성이 매우 높습니다.

요약하기는 문해력을 키우는 좋은 훈련법

꾸준하게 요약하는 것은 문해력을 키우기 좋은 방법입니다. 요약을 잘 하기 위해서는 작가의 의도를 끊임없이 생각하면서 글의 내용을 효율적으로 줄여야 하거든요.

효율적으로 요약하기 위해 읽고 또 읽으면서 어떻게 요약하는 게 더 자연스럽게 읽힐지 고민해야 합니다. 글을 제대로 이해하지 못하면 불가능한 작업이죠. 바로 이 과정 자체가 문해력 훈련이 됩니다.

남이 요약해 놓은 것만 계속 읽으면 문해력을 제대로 키울 수 없습니다. 온전한 한 권의 책이 아닌 요약된 글만 읽다 보면 나중에 어떤 글을 읽더라도 그 글을 제대로 이해할 수 없게 됩니다.

인터넷에 줄거리가 다 나온다고 하더라도 책을 읽어야 하는 이유가 바로 여기에 있습니다.

책을 읽어줘도
문해력에 도움이 될까요?

아이가 어려서부터 독서에 공들여 온 부모님조차, 막상 아이가 중학생이 되면 아이의 문해력이 그다지 좋은 것 같지 않다고 느낄 때가 많습니다.

초등학생 때부터 독서의 중요성을 알고는 있었지만, 다른 일이 있으면 손쉽게 미뤄지는 것이 독서입니다. 고학년이 되면서 공부의 양이 늘어나면 부모님들은 공부와 관련된 책이나 서울대생이 읽는 추천 도서를 건넵니다. 독서도 하며 지식도 쌓을 수 있는 좋은 방법이라 여기면서요.

과연 이렇게 하는 독서가 재미있을까요? 제가 학교에서 만난 많은 아이는 독서를 숙제처럼 느끼고 있었습니다. 독서가 공부가 되어 버린 거죠. 강요된 독서는 오히려 아이가 독서를 싫어하게 만듭니다.

독서를 즐기는 아이는 드물다

그래서일까요? 중학생 가운데 독서를 즐기는 아이는 손에 꼽습니다.

중학교 도서관에 비치된 책은 대부분 새 책입니다. 학교 도서관에 책을 읽으러 오는 학생은 소수입니다. 도서관은 아이들에게 선생님 눈을 피해 장난치기 위해서나, 조용한 장소에서 공부하기 위해 오는 장소입니다. 희한하게 학교 도서관은 책을 읽으라고 개방한 곳인데, 책을 읽는 아이를 찾기 힘듭니다.

고등학교에 가면 상황은 더욱 심각합니다.

공부하기 위해 도서관에 잠깐 들른 학생은 있지만 독서를 하는 학생은 극소수입니다. 물론 책을 너무나 사랑하는 아이들이 있기는 하지만 도서관 대출 이력은 처참합니다. 고등학생들이 처한 상황을 생각하면 이해도 갑니다. 당장 성적이 중요하기에 책을 읽을 정신적 여유가 없지요.

독서의 부재는 문해력 저하의 가장 큰 원인

대부분은 초등학생 때부터 책을 읽지 않은 경우가 많습니다. 오래 누적된 독서의 부재는 문해력의 저하로 이어집니다.

문해력이 부족한 아이들은 대부분 자기 학년의 교과서도 잘 읽지 못합니다. 많은 아이가 공부를 해도 국어 성적이 잘 나오지 않는다고 말합니다. 교과서를 읽어도 무슨 말인지 모르니 당연히 공부한 시간에 비해 성적이 형편없을 수밖에요.

그런데 문해력이 부족하면 국어 성적만 저조한 게 아닙니다. 영어도, 수학도, 이해와 암기가 필요한 사회도, 과학 성적 역시 마찬가지입니다. 특히 이런 경향은 고등학생이 되면 두드러집니다.

희한하죠? 단지 책을 읽지 못할 뿐인데 전 교과의 성적이 나오지 않는다는 게요. 문해력을 위해 독서가 반드시 필요합니다. 그런데 어디 사춘기 아이가 부모 말을 듣나요? 공부도 근근이 하는데, 독서까지 시켰다간 아이와 사이가 더 나빠질지도 모릅니다.

아이들은 이야기를 좋아한다

아이에게 책을 읽어주면 어떨까요?

아기 때나 읽어주던 책을 덩치가 큰 아이에게도 읽어준다니 이상하게 느껴질지도 모르겠습니다. 하지만 아이가 스스로 읽지 않는다면 부모님이 직접 책 읽어주기를 추천합니다.

저는 소설 수업을 할 때에는 비슷한 다른 소설에 대해 이야기하곤 합니다. 줄거리를 이야기하는 거죠. 그런데 참 신기한 게 소설 줄거리를 이야기하면 아이들은 집중해서 듣습니다. 처음에는 제가 이야기를 맛깔나게 잘해서 그런 줄 알았지요. 그런데 시간이 지나고 나서 보니 아이들은 이야기를 듣는 걸 좋아하는 거였습니다.

아기가 태어나서 말을 배울 때를 생각해보세요. 읽기와 듣기 중 듣기를 더 빨리 배웁니다. 읽기보다 듣기 능력이 더 많이 빨리 발달하니까요. 책 읽기보다 책 듣기가 내용을 더 빠르고 쉽게 이해할 수 있다는 뜻입니다.

연령과 상관없이 책을 읽어주면 아이의 문해력을 키우는 데 분명히 도움이 됩니다. 물론 필요한 모든 책을 다 읽어주기는 힘듭니다. 중학생용 책은 길이가 길기도 하고요.

그러나 내용을 들으며 책의 재미를 알게 되면, 듣기만 하려고 하진 않을 겁니다. 다른 사람이 읽어주는 것을 듣는 것보다 스스로 읽는 게 속도가 훨씬 빠르다는 것을 알거든요. 중학생쯤 되면 글자를 몰라서 읽기를 힘들어하는 경우는 많지 않으니까요.

초등학생 때와 다른 중학생의 책 읽어주기

초등학생을 대상으로 하는 도서들은 200쪽 이내의 분량으로 책의 길이가 짧고, 삽화가 포함되어 있거나 다양한 세계의 이야기를 담고 있는 경우가 많습니다. 그러나 중학생을 대상으로 하는 도서들은 300쪽 이내의 분량으로 책의 길이가 길고, 삽화가 거의 없습니다. 또래의 이야기를 다룬 작품이 더 많고요.

이것만 봐도 초등학생과 중학생의 관심사나 발달시켜야 할 부분이 다르다는 걸 알 수 있습니다. 초등학교와 중학교 교과서의 내용을 살펴보면, 중학교 교과서가 글도 훨씬 많고 활동 내용도 훨씬 심화하는 등 차이가 매우 큽니다.

책을 읽어줄 때도 초등학생에게 책을 읽어주는 것과 다른 목표를 세워야 합니다. 초등학생 때 책을 읽어주는 목표가 다양한 어휘와 만나고, 다양한 표현에 익숙해지고, 맞춤법을 익히는 것 등이었다면 중학생에게 책을 읽어주는 목표는 아이가 책을 가까이하고, 책 속에 있는 문장을 읽어내 문장 사이의 흐름을 이해하는 것으로 세워야 합니다.

읽기의 목적이 달라지면 책을 읽는 방법도 조금 달라집니다. 목소리 톤이 달라지고, 책을 읽는 속도나 책을 읽으면서 관심을 두는 부분도 달라집니다.

어때요? 중학생에게 책을 읽어주는 것이 문해력을 키우는 데 더 직접적인 것 같지 않나요? 물론 초등학생 때부터 스스로 읽어왔던 아이들은 중학생 때 내재된 힘으로 문해력을 섬세하게 가다듬습니다. 하지만 그렇지 않은 아이들도 책을 읽어준다면 충분히 문해력을 키울 수 있습니다. 중학생 때부터 문해력을 키워도 늦지 않습니다.

중학생의 머리에는 이미 다양한 배경지식이 내재되어 있어 책을 쉽게 이해할 수 있습니다. 책과 아이의 머릿속 내용이 만나면 초등학생 때에 비해 더 잘 이해할 수 있죠. 그런데 문제는 아이가 직접 책을 고르고 읽어야 하는데 책을 안 읽는 아이가 그러기는 쉽지 않다는 겁니다. 그래서 아이에게 맞는 책을 읽어주는 것이 좋습니다. 중학생이어도요. 나중에 아이가 그 책을 직접 읽게 되면 빠른 속도로 문해력이 향상될 것입니다.

독서학원, 논술학원
필요할까요?

많은 학부모님이, 아이가 책을 읽지 않거나 글쓰기가 부족하다고 생각되면 독서학원이나 논술학원에 보냅니다. 그런데 아이에게 학원이 꼭 필요할까요? 학원만 다니면 아이가 독서하는 힘과 글쓰는 능력을 충분히 배울 수 있을까요?

학원이 필수는 아니다

문해력을 키우기 위해서라면 학원이 반드시 필요한 것은 아닙니다. 물론 독서학원이나 논술학원에 다니면 도움이 되는 부분이 분명 있습니다. 그러나 그보다 중요한 것이 있습니다. 바로 '스스

중등 문해력의 비밀

로' 책을 읽어야 한다는 것입니다.

혼자서 스스로 책을 읽는 아이라면 굳이 문해력을 키우기 위해 학원에 보낼 필요는 없습니다. 그러나 책을 읽지 않는 아이라면 책 읽을 동기를 마련하기 위해 학원에 보내는 것을 추천합니다. 초등학생이라면 글쓰기보다 독서와 이야기를 나누는 과정이 좋고, 중학생이라면 독서는 물론 글쓰기까지 지도하는 곳이 좋겠습니다.

독서 논술학원과 국어 학원은 다르다

많은 분들이 독서·논술학원과 국어 학원을 헷갈려합니다. 독서·논술학원에서 국어 과목을 가르치는 곳도 있고요. 그러나 두 학원은 엄연히 다릅니다.

독서나 논술학원은 아이의 독서 능력이나 논술 능력을 향상시키고자 하는 목적을 가진 곳으로, 국어 공부보다 '독서'와 '글쓰기'가 중심입니다. 책을 읽히고 싶다면 독서학원으로, 논술을 대비하고 싶다면 논술학원으로, 국어 '교과' 성적을 잘 받고 싶다면 국어학원으로 가야 합니다. 목적에 맞는 학원을 선택하는 것이 중요하겠지요.

독서학원이나 논술학원에서 책을 읽고 책에 관해 토론하거나 그것과 관련된 생각을 논리적으로 쓰는 과정을 통해 문해력을 키울 수 있습니다. 문해력을 키우고 싶다면 국어 학원이 아니라 독서학원이나 논술학원에 다니는 것이 좋겠지요. 아이의 어떤 능력을 기르고 싶은지 판단한 다음 목적에 맞는 학원에 다녀야 원하는 결과를 얻을 수 있습니다.

바쁜 중학생을 위한 학원 선택

중학생이 되면 바빠집니다. 학교 성적을 잘 받기 위해 영어, 수학뿐 아니라 과학, 국어까지 과목 수가 늘어난 만큼 등록한 학원 수도 늘어나지요. 당장 눈앞에 닥친 학교 성적을 위한 학원에 다니는 것도 빡빡한데, 학교 성적과 직접적인 상관이 없는 독서나 논술학원까지 갈 시간은 거의 없습니다.

이런저런 사정으로 중학생이 되면 대대적으로 학원 스케줄을 변경합니다. 이때 제일 먼저 삭제 리스트에 오르는 곳은 내신 성적에 직접적인 영향이 없는 학원입니다. 독서나 논술학원도 여기 포함되지요.

그러나 2장에서 다시 언급하겠지만 독서나 논술학원에 다니건 다니지 않건 읽기와 쓰기는 절대 놓으면 안 됩니다.

학원에 다니지 않는다면 가정에서 독서나 글쓰기를 할 시간을 반드시 따로 마련해야 합니다. 반대로 독서나 글쓰기를 할 시간을 마련했다면 독서나 논술학원에 반드시 다니지 않아도 됩니다.

결국 아이가 책을 읽고 쓴다면 반드시 독서나 논술학원에 다닐 필요는 없습니다.

문해력을 위한 읽기와 쓰기 분량

아이가 중학생이 되면 독서할 시간을 마련하기 힘듭니다. 사춘기가 시작되면서 독서를 등한시하기도 하고요. 책을 읽히기가 여간 힘든 게 아닙니다. 이런 중학생 아이에게 책을 읽히기 위해서는 전략적으로 독서하도록 해야 합니다. 짧은 시간에 효율적으로 독서할 수 있는 전략이 필요합니다.

우선 아이가 일주일 동안 읽을 책의 분량과 책의 종류를 정합니다. 저는 책의 분량으로는 일주일에 한 권을 추천합니다. 책 읽을 시간이 영 없다면 이 주일에 한 권을 추천합니다. 더 이상 기간을 늘리는 건 추천하지 않습니다.

책의 종류는 골고루 섞는 것이 좋습니다. 중학생은 좋아하는 책만 편독하면 안 됩니다. 다양한 분야의 글을 읽어낼 수 있어야 제대로 문해력을 키울 수 있기에 다양한 영역을 골고루 읽어야 합니다. 한 번에 다양한 영역의 책을 읽을 수는 없습니다. 달마다 다른 영역의 책을 한 권씩 읽히는 걸 추천합니다. 수능 국어 비문학 영역의 다섯 가지를 검색해서 하나씩 읽는 것도 좋고, 매달 도서관에서 책등의 청구기호가 다른 책을 빌려 읽는 것도 좋습니다. 아이가 좋아하는 영역이 있다고 하더라도 중학생이라면 하나의 영역만 읽지 않도록 해 주세요.

문해력을 키우기 위해서는 이렇게 책을 읽는 것만으로도 충분하지만 읽은 내용을 간단하게 정리하는 독후활동을 하면 금상첨

화겠지요. 읽은 것을 표현하는 과정에서 문해력은 더욱 잘 자랄 거라 확신합니다.

영어 리딩 레벨,
문해력과 상관있나요?

우리는 단순한 결과를 이야기하는 것보다 상대적인 수치를 선호합니다. 숫자로 결과를 비교할 수 있다면 변화의 차이를 확실히 느낄 수 있으니까요. 예를 들어 성적이 80점이라고 하면 영어를 못한다고 느끼지 않다가 그 점수가 반에서 20등이라고 하면 영어를 못한다고 느껴지는 것처럼요.

리딩 레벨 역시 그렇습니다. 레벨이 높을수록 잘 읽는 아이, 낮을수록 못 읽는 아이라는 생각이 듭니다. 또래에 비해 아이가 레벨이 낮으면 조바심이 나고, 높으면 높은 대로 무언가 더 해야 하지 않을까 걱정이 많지요.

리딩 레벨을 지수로 나타내기도 하는데요. 렉사일Lexile 지수와 AR 지수가 우리나라에 많이 알려졌습니다.

렉사일Lexil지수

렉사일 지수는 미국 메타메트릭스Metamatrics 연구소가 독자들에게 읽기 능력에 적합한 자료를 제공하기 위해 1988년 개발한 읽기 능력 지수입니다. 글에 대한 해석과 전반적인 이해 능력을 알기 위한 지수입니다. 어휘 난이도와 문장 길이가 주된 측정 요소이고요, 어휘가 어렵고 문장이 길수록 렉사일 지수가 높습니다. 렉사일 홈페이지에 따르면 미국 학교에 다니는 3,500만 학생들이 활용하고 있다고 합니다. 이 정도면 영어 읽기 능력의 대표적인 도구라고 해도 무방합니다.

『Number the Stars』라는 책을 살펴볼게요.

공식 사이트(www.lexile.com)에서 점검해 보니 『Number the

www.lexile.com에서 『Number the Stars』 검색 결과

미국 공교육 기준 Lexile 지수 정보

미국 학년	일반 미국 학생 읽기 수준 (상위 75% ~ 상위 25%)	미국 교과서 읽기 수준 (상위 75% ~ 상위 25%)
3	330L ~ 700L	600L ~ 730L
4	445L ~ 810L	640L ~ 780L
5	565L ~ 910L	730L ~ 850L
6	665L ~ 1000L	860L ~ 920L
7	735L ~ 1065L	880L ~ 960L
8	805L ~ 1100L	900L ~ 1 010L
9	855L ~ 1165L	960L ~ 1110L

출처: www.toefljunior.or.kr

Stars』는 렉사일 지수로 670L입니다.

위는 미국 학생들의 읽기 수준과 미국 교과서 수준을 렉사일 지수로 나타낸 표입니다.

저학년 때는 학생들의 읽기 수준이 교과서 텍스트 수준에 미치지 못하다가 학년이 올라갈수록 비슷해지거나 더 높은 수준이 되는 것을 살펴볼 수 있습니다. 아이들의 발달에 따라 꾸준히 읽기 활동을 진행하면 교과서 수준 이상의 읽기가 가능하다는 뜻입니다.

『Number the Stars』는 렉사일 지수로 살펴보면 미국 초등 4학년(한국 초등 5~6학년) 수준의 책이 되겠지요.

AR ATOS Book Level

AR 지수는 르네상스 러닝Renaissance Learning 사에서 수만 권의 도서를 분석하고, 지정한 도서를 모두 읽은 3만 명의 학생을 대상으로 실시한 실험 결과를 기반으로 만든 지수입니다. 유치원Kindergarten부터 고등학교 3학년Grade 12까지 0~12레벨로 구성되어 있습니다.

AR 지수는 Interest Level(IL)과 Book Level(BL)로 나뉘어 구성되어 있는데, IL은 연령대의 적합성을 의미하고, BL은 텍스트의 난이도를 미국 교육과정으로 나타낸 것입니다.

Interest Level(IL)

LG	저학년 (Lower Grades)	유치원~초 3 (Kindergarten~Grade 3)
MG	중학년 (Middle Grades)	초 4~중 2 (Grade 4~8)
MG+	상위 중학년 (Upper Middle Grades)	초 6 이상 (Grade 6이상)
UG	고학년 (Upper Grades)	중 3~고 3 (Grade 9~12)

공식 사이트(www.arbookfind.com)에서 『Number the Stars』를 살펴보니 'IL: MG, BL: 4.5'로, 이 책은 미국 초등학교 4학년에서 중학교 2학년에 적합한 내용이며, 난이도는 미국 초등학교 4학년 5개월 수준인 것을 알 수 있습니다.

중등 문해력의 비밀

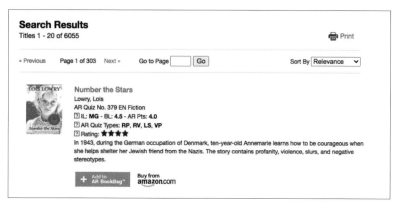

Search Results
Titles 1 - 20 of 6055

« Previous   Page 1 of 303   Next »   Go to Page [   ] Go   Sort By Relevance ⌄

Number the Stars
Lowry, Lois
AR Quiz No. 379 EN Fiction
? IL: **MG** - BL: **4.5** - AR Pts: **4.0**
? AR Quiz Types: **RP, RV, LS, VP**
? Rating: ★★★★
In 1943, during the German occupation of Denmark, ten-year-old Annemarie learns how to be courageous when she helps shelter her Jewish friend from the Nazis. The story contains profanity, violence, slurs, and negative stereotypes.

+ Add to AR BookBag™   Buy from amazon.com

www.arbookfind.com에서 『Number the Stars』 검색 결과

영어 레벨과 문해력

흔히 영어로 된 텍스트를 읽는 것을 '해석한다', '독해한다'라고 합니다. 그런데 이 '해석'과 '독해'는 문해력과 조금 다른 뜻입니다. 영어에서 해석과 독해는 단어와 문장을 유창하게 읽어 텍스트의 맥락을 이해하는 글 읽기의 기초적인 능력을 의미합니다. 초등학교 저학년 국어 시간에 이뤄지는 활동입니다. 글을 깊이 있게 이해하기보다는 표면적인 내용을 이해했는지 점검하는 활동이지요.

문해력은 한 단계 더 나아가는 능력입니다. 아이들은 학년이 올라가면서 설명문이나 논설문 등 점점 더 어려운 내용을 담고 있고, 복잡한 구조를 가진 글을 읽습니다. 글 속에 담긴 저자 의도나 중심 생각을 파악하는 연습을 하는 이유지요. 그 내용을 바탕으로 자신의 경험과 생각을 더해 표현합니다. 이렇게 활동하는 것이

바로 문해력을 키우는 것입니다.

문해력은 글을 읽고 이해하는 것을 넘어 내용을 재구성하고, 생각을 표현하는 모든 언어 능력을 말하는 거죠. 단순히 시험을 위한 단편적이고 정형화된 읽기가 아니라 학교 이후의 삶에서 만나게 될 다양한 상황의 글을 읽고 생각하고 소통하는 능력의 바탕이 문해력인 것이지요. 국어뿐 아니라 영어도 마찬가지입니다.

많은 사람이 리딩 지수가 높으면 문해력이 높을 거라고 생각합니다. 높은 리딩 지수를 받는다고 해서 영어로 된 글을 잘 쓰고, 지식을 재구성하는 능력이 반드시 뛰어나다는 뜻은 아닙니다. 잘 읽는 아이가 잘 쓰고, 잘 표현할 가능성이 높지만 그 가능성을 키우기 위해서는 연습이 필요합니다.

리딩 지수는 어휘 수나 텍스트의 난이도로 측정한 수치입니다. 어휘를 많이 알고, 그 글을 읽을 수 있으면 높은 리딩 지수를 받을 수 있습니다. 그래서 문해력보다 독해력을 측정하는 도구라고 하는 것이 더 적합합니다.

서술형·논술형 시험
어떻게 준비해야 하나요?

　요즘 교육 현장에서는 지식을 단편적으로 평가하는 선택형보다는 학생들의 교육과정을 평가하는 서술형과 논술형 방식의 비율이 높아지고 있습니다. 그리고 수행평가의 대부분은 교과목과 상관없이 글을 읽고 쓰는 유형이 많아지고 있지요.

　주어진 질문에 대해 알고 있는 지식을 자신의 언어로 쓰는 서술형이나 이를 좀 더 구조화해서 서론, 본론, 결론의 구성으로 작성하는 논술형이 바로 그것입니다. 서술형과 논술형은 독해력을 넘어 문해력이 필요한 평가입니다. 아이들이 어려워하는 이유도 여기에 있습니다. 특히 언어 과목인 국어와 영어에서는 문해력을 평가하는 서술형과 논술형이 반드시 들어갑니다.

국어 서술형·논술형 유형

국어 서술형에는 단답형과 문장으로 서술하는 두 유형이 있습니다. 국어 문제는 대부분 지문이 제시됩니다. 심지어 문법 단원의 문제를 출제할 때도 지문을 제시하는 경우가 많습니다. 국어 문제는 이 지문을 읽고 이해한 뒤, 문제에서 요구하는 내용을 찾아 조건에 맞게 서술하는 문제가 많습니다.

- 위 시를 읽고 화자가 처한 상황을 본문의 단어를 활용하여 한 문장으로 서술하시오.
- 이를 통해 알 수 있는 한글의 특징을 조건에 맞게 서술하시오.
- ㄱ에 들어갈 말을 활용하여 짧은 문장을 만드시오.

국어 서술형·논술형 공부법

서술형·논술형 문제라고 특별히 더 어렵게 출제하지는 않습니다. 교사 입장에서는 '수업 시간에 가르친 것'을 충실히 익혔는가를 채점 기준으로 삼거든요. 수업 시간에 제대로 집중하지 않고 있다가 뒤늦게 자습서나 문제집으로 공부하려고 하면 이해가 안 되는 이유가 여기에 있습니다.

국어 서술형·논술형 유형을 대비해 공부하기 위해서는 우선 단원마다 '학습 목표'를 잘 봐야 합니다. 국어 교과서는 학습 목표에 따라 구성되어 있는 경우가 많거든요. 그리고 그 학습 목표가 그 단원에서 어떻게 문제가 되어 있는지 찾아야 합니다. 주로 이 문제는 교과서 속 학습활동으로 제시됩니다. 학습활동의 문제가 국어 시험에서 문제로 나올 가능성이 큽니다. 학습활동의 문제를 꼼꼼히 풀고 이해할 수 있어야 합니다.

- 학습 목표: 글에 사용된 다양한 논증 방법을 파악하며 읽을 수 있다.
- 시험 문제: 다음 설명을 바탕으로 하여 이 글에 쓰인 논증 방법을 쓰고, 그 이유를 서술하시오.

두 번째로 문제에 주어진 '조건'을 잘 봐야 합니다. 조건마다 부분 점수가 있습니다. 조건에 맞게 쓰지 않을 경우, 감점됩니다. 조건에서 무엇을 쓰라고 했는지 꼼꼼히 보고, 쓰라고 한 개수에 맞게 써야 합니다. 다음은 국어 시험에 나오는 '조건'입니다.

- -하지 못하고, -한 존재이다.'의 형태를 갖추어서 쓸 것
- (가)의 주제는 봄의 상징적 의미를 포함하여 '(가)의 주제는 -다.'의 문장 형식으로 쓸 것
- 글자의 모양과 발음의 관계가 드러나도록 쓸 것

- 한글 창제 당시에는 쓰였으나 지금은 쓰이지 않는 네 가지를 쓸 것

마지막으로 '맞춤법'에 맞게 써야 합니다. 다른 과목과 다르게 국어는 맞춤법에 매우 민감한 과목입니다. 다른 과목에서는 의미가 통하면 맞춤법에 맞지 않아도 감점하지 않을 수도 있지만 국어는 맞춤법에 맞지 않으면 반드시 감점이 있습니다. 그러니 맞춤법에 맞게 써야 합니다.

영어 서술형·논술형 유형

서술형은 단답형과 문장 수준의 평가로 답의 제한이 높아 지필평가에 활용됩니다. 주어진 글을 읽고 조건에 맞게 영작하거나 영어 문장 또는 지문에서 문법적 오류를 찾아 바르게 고치는 문제가 대표적인 유형이지요. 반면 논술형은 서술형보다 비교적 길게 작성하는, 문단 이상 수준의 글을 써야하므로 주로 수행평가에 활용됩니다.

서술형 유형

- 다음 글의 내용을 한 문장으로 요약하려고 할 때 빈칸 (A), (B)에 들어갈 단어를 쓰시오.
- 다음 글을 읽고 요약문을 완성하시오.
- 다음 글을 읽고 (A)~(E) 중 어법상 틀린 것을 2개 찾아 그 기호를

적고, 바르게 고치시오.

- 다음 글을 읽고 제시된 조건을 모두 이용하여 해석에 맞도록 문장을 완성하시오.
- 밑줄 친 They가 가리키는 대상을 본문에서 찾아 3단어로 쓰시오.

논술형 유형

- 다음 글을 읽고 주어진 질문에 대한 응답을 주어와 동사를 갖춘 완전한 영어 문장으로 쓰시오.
- 다음 글을 읽고, 아래 질문을 포함하여 행사를 문의하는 내용의 이메일을 30~40단어로 작성하시오.
- 주어진 단어를 모두 활용하여 자신의 올해 계획을 100~120단어로 쓰시오.

영어 서술형·논술형 공부법

먼저 시험 범위에 나오는 '어휘와 표현, 문법'을 꼼꼼히 공부해야 합니다. 서술형 영작 문제에서는 아무 문장이나 영작하도록 출제되지는 않습니다. 즉, 수업 시간에 주의 깊게 다룬 문법이나 학생들이 자주 틀리는 부분이 나온다는 거죠. 주요 관용구나 표현이 나오기도 합니다. 수업 시간에 선생님이 강조한 내용을 중심으로 어떤 문제가 나올지 예측하면서 영어 문장을 써보는 연습이 필요합니다.

두 번째로 주어진 '조건'을 잘 봐야 합니다. 영어를 잘 쓰는 학생이더라도 조건을 지키지 않아 감점당하는 일이 종종 있거든요. 내용뿐 아니라 문법에 대한 정보를 담고 있기 때문에 반드시 꼼꼼하게 확인해야 합니다.

다음은 실제로 자주 나오는 '조건'입니다.

- 주어진 단어를 한 번씩만 사용할 것
- 주어진 단어를 사용할 것(필요시 어형 변화 가능)
- 과거형으로 사용할 것 – 해당 문법 형식 제시함
- 주어와 동사를 포함한 완전한 문장으로 쓸 것
- 문장 대소문자 및 문장 부호를 정확하게 쓸 것
- 100~120 단어로 쓸 것
- 본문에서 연속되는 4단어 이상을 그대로 쓰지 말 것

마지막으로 주어진 텍스트를 읽고 이해한 후 '자신의 언어로 정리'해서 쓸 줄 알아야 합니다. 어렵다면 본문의 단어를 참고하되 비슷한 단어로 교체하면서 영어 문장을 쓰는 연습이 필요합니다.

문해력은 선행과 현행,
어느 것이 더 중요할까요?

문해력을 키우는 데는 딱히 선행이나 현행으로 나누는 것은 중요하지 않습니다. 영어와 국어는 언어이기 때문이죠. 대화를 하면서, 영상을 보면서 우리는 단어, 문장을 듣고 말하는 것을 배웁니다. 그리고 책을 통해 더 많은 어휘와 상황을 만나고요.

중학교 이후는 듣고, 말하고, 읽었던 그 내용을 자신의 지식과 경험으로 구성해서 쓰는 과정까지 배우게 됩니다. 좀 더 전문화된 교과목을 다양한 선생님의 언어로 듣고, 친구들의 생각과 의견을 경청하고, 자신의 생각을 정리해서 말하는 것 이 모두가 문해력이 발전하는 과정입니다.

가정에서의 대화

국어 문해력을 키우기 위해서 아이들과 대화를 많이 나누는 것이 제일 좋습니다. 사춘기 아이들이 사용하는 어휘는 대부분 비속어와 줄임말, 은어입니다. 아이들의 대화를 들어보면 문해력에 도움이 될 만한 어휘는 거의 사용하지 않습니다. 대화뿐 아니라 인터넷상에서 주고받는 메시지는 더욱 심각합니다. 대화가 아닌 자기 하고 싶은 말만 하는 소위 '아무말 대잔치'입니다.

아이의 수준에서 이해하기 어려운 수준 높은 어휘나 내용이라면 대화 속에서 자연스럽게 녹여 귀로 익숙해지도록 하고, 그 수준이 익숙해졌다면 글로 익히게 합니다.

국어 문해력 독서 수준이 결정

아이와 평소 자연스럽게 대화하다가 모르는 어휘가 나오면 말로 설명해주고 나중에 책을 읽으면서 그 어휘를 익숙하게 익히도록 하면 됩니다. 꾸준히 책을 읽는 아이라면 자신의 관심에 따라 책의 수준을 조금씩 높여나갈 테니 아이의 독서에 자연스럽게 따라가면 됩니다. 책을 좋아하지 않는 아이라면 권장 도서 목록에서 아이의 학년에 맞는 책 중 아이가 관심 있는 영역의 책을 읽히면서 책의 수준을 조금씩 높이면 됩니다.

아이의 독서 수준에 따라 문해력을 키우는 것이 선행인 아이도 있고, 현행이나 후행인 아이도 있겠지요. 어휘력이나 국어 문해력을 키우는 건 선행인지 현행인지가 중요한 건 아닙니다.

국어 문법은 현행

국어 문법은 현행으로 진행하는 것을 추천합니다. 국어 문해력
이 제대로 잘 갖춰져 있다면 국어 문법을 아주 어려워하지는 않
을 겁니다. 내가 이해한 그 내용이 어떻게 규칙화되었는지 확인하
면 됩니다.

그러니 국어 문해력은 선행이나 현행에 대해 걱정하지 말고 아이
의 독서 수준에 따라 꾸준히 책을 읽히면, 어느 순간 아이의 이해
력은 물론 글쓰기 능력이 눈에 띄게 향상한 것을 느낄 겁니다.

영어 단어, 많이 알수록 좋다

영어 단어를 많이 알고 있다는 것은 영어 학습에 큰 자산이 됩
니다. 단어를 많이 알고 있으면 영어로 된 글을 읽기가 수월하지
요. 또 단어를 많이 알고 있으면 새로운 단어를 더 빨리, 많이 받
아들일 수 있습니다. 처음 보는 단어도 발음할 수 있고, 모든 문장
을 완벽하게 우리말로 해석하지 않아도 글을 이해할 수 있어요.

중학교부터 본격적인 영어 읽기와 쓰기가 시작되기 때문에 초
등의 필수 어휘는 반드시 입학 전에 알고 있어야 합니다. 필수 어
휘 목록 속에 포함되지 않는 숫자(기수, 서수), 월, 요일도요.

학교 교육과정보다 미리 공부해야 하는 부분이 있다면 그것은

바로 단어입니다. 시중에 판매하는 초등학교 필수 어휘나 중학 영단어 중에서 한 권을 선택하여 매일 반복해서 외우고 사용해봅니다. 매일 외워도 잊어버리는 것이 영어 단어입니다. 하지만, 여러 번 반복하다 보면 어느새 단어는 사라지지 않고 머리와 입에 머뭅니다. 더 많은 의미와 쓰임을 가지고요. 단어는 언어 공부의 기본이자 필수입니다.

영어 문법 용어는 초등 국어 수준으로 충분

초등학교 고학년이 되면 영어 문법에 대한 고민이 시작됩니다. 중학교 입학을 앞둔 겨울 방학이면 '중학 문법 총정리', '방학 동안 중학 문법 익히기'와 같은 이름의 학원 특강이 예비 중학생 학부모님을 불안하게 만듭니다.

수업을 하면 많은 아이가 문법 용어에 대해 알고 있습니다. "저 to부정사 배웠어요.", "저는 관계 대명사까지 했어요."라며 영어 문법을 마스터한 듯한 자신감을 보입니다. 그러나 정작 그 문법의 쓰임에 대해서는 설명하지 못하고, 문법을 상황에 맞게 활용하지 못합니다.

사실 문법 용어라는 게 이해 없이 외우면 어렵습니다. 영어 문법 중 난도가 있는 '가정법'을 어떻게 기억하고 있나요? 가정법 과거, 가정법 과거완료, 가정법 현재는 배웠는데 언제 쓰는지, 어떤 차이점이 있는지 모릅니다.

중등 문해력의 비밀

영어 수업 시간에 문법 용어를 쓰기는 하지만 미리 모든 것을 알아야 할 필요는 없습니다. 꼭 필요한 부분은 바로 품사와 문장의 성분입니다. 품사는 단어를 문법적 기능이나 형태, 그리고 의미에 따라 나눈 갈래를 말합니다. 이름을 나타내는 명사, 동작을 나타내는 동사 등이 그 예지요. 품사는 초등학교 국어 시간에 이미 배운 개념입니다. 물론 영어와 국어가 다른 부분이 있긴 하지만 초등학교 국어 수준의 품사를 이해했다면 중학교 영어 문법은 훨씬 수월합니다.

문장 성분도 마찬가지입니다. 문장의 호응은 초등학교 4학년부터 5학년, 6학년 국어에 나옵니다. 주어에 맞는 서술어를 쓰고 적절한 호응을 연결하는 것을 배웁니다. 영어도 다르지 않습니다. 초등학교 국어 시간에 기본적인 주어, 동사(서술어), 목적어 등 문장 성분과 품사를 제대로 익혔다면 중학교 영어 문법이 낯설지 않습니다.

문법은 학교 수업으로 현행, 그리고 영작으로 다지기

영어 문법을 익히는 것은 중학교 수업 시간에 배워도 늦지 않습니다. 예전보다 배워야 할 문법 요소가 많이 줄었고, 선행학습 금지법으로 학교 수업 시간에 배우지 않은 부분이 시험에 나오지 않기 때문이죠. 하지만, 모든 공부가 그렇듯이 교사가 주도하는 학교 수업만으로 완전히 해결할 수 없는 부분도 있습니다. 당연히 집에서 복습하고 연습하는 과정이 필요한데요. 문법을 가장 확실하게 다질 수 있는 것은 바로 '영작'입니다. 배운 문법을 활용해서 영어 문장을 만들어보는 거죠.

다음은 관계 대명사를 활용한 영작입니다.

The book that I bought yesterday is a romance novel.
(내가 어제 산 책은 로맨스 소설이다.)

I have a friend whose mother is an actress.
(나는 어머니가 배우인 친구가 있다.)

The boy who won the science fair is my little brother.
(과학대회에서 상 받은 아이가 내 남동생이야.)

영어 교과서에 나와 있는 문장을 활용하여 나의 상황에 맞는 문장을 써보는 거죠. 자신과 관련 있는 문장을 써보면 그 언어 형식의 쓰임을 저절로 알게 됩니다.

3

궁금해요, 선생님!

중학교 국어와 영어 수업, 그리고 평가에 대해
살펴보았는데요.
사실 교사도 자신의 과목에 대해서는 어떻게
가르쳐야겠다고 생각하는 바가 있지만,
다른 과목에 대해서는 막막할 때가 있습니다.
그래서 저희도 그동안 궁금했던 것들을
부모 입장에서 다른 과목 선생님께 질문하고
답변했습니다. 여러분도 궁금증을 해소할 수
있으면 좋겠습니다.

국어와 영어에서 읽기와 쓰기가
왜 중요할까요?

김(김수린_영어 교사)
배(배혜림_국어 교사)

김 국어에서는 말하기와 듣기보다 읽기와 쓰기가 더 중요할까
요?

배 물론입니다. 우리가 어떤 것을 받아들이고 표현하기 위해서
는 듣기, 말하기, 읽기, 쓰기의 네 가지 영역이 있는데요. 듣기
와 말하기는 우리의 일상생활에서 손쉽게 이루어져요. 그렇
지만 체계적으로 이루어지는 경우는 많지 않아요.
하지만 읽기와 쓰기는 달라요. 우리가 글을 쓸 때는 말할 때
처럼 생각나는 대로 바로 쓰지 않고, 한 번 더 생각을 거쳐서

중등 문해력의 비밀

글로 표현하거든요. 사고의 과정을 한 번 더 거친다고 볼 수 있어요. 글이라는 매개를 통해 생각을 정리할 수 있는 거죠. 또, 그렇게 글로 정리된 누군가의 생각을 읽을 때에는 자신의 읽기 속도에 따라 자기 생각을 정리하면서 읽을 수 있어요.

듣기와 읽기가 둘 다 수용의 과정이고 말하기와 쓰기가 둘 다 표현의 과정이라는 점은 같지만, 듣기와 말하기, 읽기와 쓰기는 글이라는 매개로 사고의 과정을 한 번 더 거치는가 그렇지 않은가라는 차이가 있지요. 문해력은 글을 읽고 이해하는 능력이잖아요. 이 문해력을 키우기 위해서는 듣기와 말하기보다 읽기와 쓰기가 더 필요합니다. 읽기와 쓰기를 제대로 하기 위해서는 반드시 교육이 필요합니다.

영어도 국어와 비슷할 것 같다는 생각은 드는데요. 영어도 국어처럼 읽기와 쓰기가 더 중요할까요?

김 언어라는 것이 어떤 영역만 딱 꼬집어서 중요하다고 말할 수 없는데요. 영어 과목에서도 읽기와 쓰기가 예전에 비해 중요해지고 있다는 점은 분명해요. 학교 교육과정뿐 아니라 졸업 이후의 삶에 있어서도요.

무엇보다도 우리가 정보를 손쉽게 얻을 방법은 바로 '읽기'잖아요. 책, 신문은 물론이고 인터넷 공간에서도 텍스트를 읽어내야 정보를 얻을 수 있으니 읽기 능력을 반드시 배우고 익혀야 해요. 특히 영어는 미국, 영국을 넘어 세계인들이 가장 많이 쓰는 언어잖아요. 그뿐만 아니라 경제, 학문, 과학, 예술 등 다양한 분야의 일반적인 지식이 영어로 되어 있어요. 인터넷이 없던 시절에는 직접 미국에 가서 정보를 찾고, 그 과정에서 직접 대화로 소통해야 했어요. 그래서 영어 말하기와 듣기 교육을 특히 강조했던 거죠.

하지만 요즘에는 검색만으로 원하는 정보를 찾을 수 있고, 특히 팬데믹의 영향으로 만나서 주고받는 대화보다 텍스트로 소통하는 일이 많아졌죠. 스마트 기기의 영향으로 영어 텍스트를 읽어내고, 그것에 대한 답변을 영어로 표현해야 하는 일이 더 많이 생긴 겁니다. 게다가. 최근 챗GPT의 영향으로 방대한 양의 정보를 접하기가 더욱 편리해지면서 영어 읽기와 쓰기의 영역은 더욱 커지고 있어요. 아무리 번역기가 잘 되어 있다고 해도 영어로 된 정보가 우리말로 바뀌는 과정에서 오역이 되기도 하거든요. 당연히 학교에서도 영어 텍스트를 제대로 이해하고, 영어로 표현하는 평가를 하며 그 비중이 더 높아지고 있어요.

선생님은 사교육
얼마나 시키나요?

김 선생님은 중학생 학부모시잖아요. 사교육 현황에 대해 솔직하게 말씀해주세요. 그리고 그 사교육을 선택한 이유는 뭔가요?

배 저는 중학생 자녀가 둘 있어요. 중학교 3학년인 큰아이는 영어 학원과 수학 학원에 다니고, 1학년인 작은아이는 안 다녀요. 두 아이 다 초등학생 때는 태권도와 미술학원 두 군데만 다녔지요. 초등학생 때는 사교육 학원에 다니지 않고, 대신 독서에 집중했어요.

큰아이가 중학교 1학년이 되면서 영어 학원에 처음 보냈고, 2학년이 되면서 수학 학원에 처음 보냈어요. 그전에는 집에서 현행으로 수학 문제집을 푸는 정도였어요. 학원에 보낸 건 선행을 하거나 엄청난 학습량을 바란 건 아니었어요. 아이가 학원이라는 새로운 환경에서 다른 아이들과 공부하면서 자신의 수준이 어느 정도인지 짐작하기를 바랐어요. 초등학생 때는 시험이 없어서 다른 아이들과 비교할 필요가 없었어요. 중학생이 되어 시험 성적이 나오기는 해도 집에서 저와 공부하는 탓에 다른 아이들과 비교해서 아이 수준이 어느 정도인지 가늠할 수 없었거든요.

처음 학원에 보냈더니 학원 측에서는 다른 아이들은 선행을 나가는데 이렇게 늦게 학원에 다녀서는 다른 아이들을 따라가기 힘들다고 하시더라고요. 그래서 좀 걱정했어요. 그런데 다행히 처음이라 신기했던지 학원 공부를 지겨워하지 않고 잘 따라가더라고요. 제가 만나는 많은 중학생은 학원에 다니는 걸 지겨워했지만, 저희 아이는 학원에서 새로운 걸 배우는 걸 신기해했어요. 저는 친절하게 모든 것을 설명하기보다 스스로 답을 찾도록 했는데 학원 선생님은 하나씩 설명해 주시니 혼자 공부하는 것보다 더 쉽다는 것도 학원을 즐거워하는 계기가 되었고요. 그걸 보면서 학원에 너무 빨리 보내지 않아도 되겠다는 생각이 들었어요.

중등 문해력의 비밀

둘째도 학원에 보내려니 수영 시간과 겹쳐서 학원 시간이 안 맞더라고요. 둘째는 1학년 2학기 때 영어 학원에 보내려고 생각 중이에요. 학원에 보내서 엄마가 아이의 공부에 덜 지치는 것도 아이와의 원만한 관계를 위해 중요하더라고요. 선생님은 아이 사교육을 어떻게 시키고 계세요?

김　저는 중학교 2학년과 초등학교 4학년 둘을 키우고 있어요. 큰아이는 7살부터 10살까지 해외 주재원 생활로 영어를 자연스럽게 배우게 되었어요. 해외에 가기 전에는 알파벳도 몰랐어요. 큰아이가 4학년 때 한국에 왔어요. 그때는 영어보다 한국의 학교에 적응하는 것이 먼저인 것 같아서 학원에 보내지 않았고, 국어가 걱정되어 함께 교과서를 읽으면서 지냈어요.

큰아이가 초등학교 5학년 때 처음으로 집 근처 수학 학원에 다니게 되었어요. 여길 보내게 된 계기는 제가 근무하는 학교가 너무 멀어서 아침 일찍 출근하고 저녁 늦게 퇴근해야 했거든요. 아이 공부를 봐줄 곳이 필요했어요. 수학 학원이 문을 닫게 되어 지금은 혼자 집에서 인터넷 강의로 공부하고 있어요. 아이는 만족하고 있는데 저는 솔직히 불안한 마음이 없지는 않아요. 제가 수학을 잘 모르니 점검할 수 없으니까요. 그래도 지금 당장은 혼자 해보겠다고 하니 지켜보는 중이에요. 소위 말하는 선행은 전혀 하지 않고 있고요. 방학 때 즈음 수학 학원을 보낼까 생각 중이에요.

영어는 한국에 돌아와서 초등학교까지는 저와 함께 영어 원서를 읽었고, 중학교 1학년부터 영어 과외를 받았어요. 영어 학원 몇 군데서 레벨테스트와 상담을 받았는데 아이가 가고 싶어 하지 않았고, 저 역시 보내고 싶지 않았어요. 영어 학원마다 수업 시간이 길고 과제가 많더라고요. 1년 6개월 정도 영어 과외를 받았는데 지금은 그만두고 혼자 원서 읽고 있어요. 학교 영어 중 어려운 부분은 제가 따로 봐주고요.

그리고 중학교 2학년이 되면서 국어 학원에 보냈어요. 아이가 국어가 어렵다고 하는데 제가 어떻게 도와줘야 할지 모르겠더라고요. 근무하는 학교에서도 학생들이 가장 어려워하는 과목이 국어이기도 하고, 또 공부법을 잘 모르더라고요. 대형 학원은 처음인데 선생님이 과제를 미리 문자로 보내주면서 관리도 잘해주는 것 같다며 아이가 만족해합니다. 그런데 솔직히 잘 모르겠어요. 영어는 학원이든 과외든 제가 점검을 할 수 있는데 국어는 또 다르네요.

배 그러고 보니 국어 선생님은 국어 학원에 안 보내고, 영어 선생님은 영어 학원에 안 보내네요.

김 그렇네요!

중등 문해력의 비밀

선생님은 자녀에게
자신의 과목을 직접 가르치나요?

배 선생님은 자녀에게 자신의 과목을 직접 가르치나요?

김 저는 영어를 가르치기보다 아이에게 관련 자료를 많이 주는
편이에요. 예를 들어 영어 원서 추천이나 영어 영역 모의고사
같은 거요. 초등학교 6학년 때는 둘이 함께 매일 영어 원서
낭독을 했고요. 요즘은 정해진 양의 독해집이나 모의고사를
혼자 풀고 틀린 부분만 제가 도와줘요.

그리고 학생들에게도 알려 주는 방법인데 교과서마다 본문
출처가 있어요. 그 부분을 찾아서 읽게 해요. 그러면 본문 내

용을 이해하는 데 도움도 되고 배경지식도 많이 생기거든요. 저는 아이에게 최대한 영어와 관련된 정보를 많이 주려고 합니다. 아이가 스스로 자료를 찾아보지 않지만 그래도 제가 자료를 주면 잘 읽는 편이라 이 정도로 하고 있네요.

방학에는 원서 권수를 정해서 읽게 해요. 저도 영어 능력에서 가장 중요한 건 독서라고 생각하거든요. 그리고 영어 단어나 글쓰기는 아이가 공부하고 제가 점검해주기도 해요.

둘째는 초등학교 4학년인데 학교에서 영어 리딩 프로그램을 운영하더라고요. 그래서 제가 책을 빌려와서 읽어주고 같이 문제를 풀고 있어요. 둘째는 아직 제가 계속 읽어줍니다. 영어만큼은 둘 다 제가 점검하는 편이네요.

선생님은 어떠세요?

배 저도 국어를 따로 가르치지는 않아요. 대신 독서가 매우 중요하다고 생각해서 아이에게 다양한 책을 권하는 편이에요.

첫째 아이가 중학교에 입학하면서 온라인 독서 모임을 만들었는데요. 한 달에 문학 한 권, 비문학 한 권을 읽고 다음 아이에게 택배로 보내는 거예요. 2년 동안 했는데 첫째 아이의 말이 자신은 비문학 책을 별로 안 좋아했는데 그 독서 모임 덕분에 비문학 책을 억지로라도 읽어서 참 좋았다고 하더라고요. 그렇게 하지 않았다면 그 영역의 책들을 읽지 않고 관심도 없었을 거라고요. 그래서 둘째도 온라인 독서 모임을 시작했어요.

온라인 독서 모임을 통해 한 달에 책 2권은 반드시 읽히고, 그 외에도 제가 읽고 좋았던 책들은 아이에게 권하는 편이에요. 저녁에 시간 여유가 있는 편이라 제가 읽고 재미있었던 책들을 아이들에게 권하고 읽혀요. 이렇게 하면 아이들이 한 달에 대여섯 권 이상 읽게 되더라고요. 아이들이 책을 읽고 나면 길지 않아도 책에 대해 대화를 나누기도 하는데 생각보다 꽤 재미있어요. 별것 아닌 것처럼 보이지만 그렇게 주고받는 대화가 저는 국어 공부에서 제일 중요하다고 생각해요.

그리고 고등학생이 되었을 때 처음 보는 비문학 지문에 당황하지 않기 위해서 비문학 문제집을 풀게 하고 있어요. 하루에 지문 하나씩 푸는 데 5분 정도면 충분해요. 따로 학교 공부는 봐주진 않아요. 도움이 필요하면 언제든 도움을 요청하라고 했는데 아직은 별말이 없네요.

김 신기하네요. 선생님과 제가 자녀들에게 직접 하는 것이 바로 책 읽기네요. 영어와 국어로 과목만 다를 뿐이고요.

배 그렇네요. 결국 독서의 중요성이 자녀교육에서도 드러나는 것 같아요.

선생님의 국어(영어) 공부 비법을 알려 주세요

김 아이들을 보면 국어 공부를 제일 어려워하더라고요. 선생님의 국어 공부 비법이 있나요?

배 글쎄요. 저는 국어 공부를 잘하기 위해서 제일 중요한 건 글을 읽는 능력이라고 생각해요. 국어 시험지는 다른 과목에 비해 장수가 훨씬 많잖아요. 다른 과목 시험지는 보통 1~2장인데, 국어 시험지는 3~4장인 경우가 많아요. 그것보다 더 많을 때도 있고요. 국어 시험지가 그렇게 많은 이유가 다양한 지문이 실려서이거든요. 그 지문을 읽어낼 수 있는 아이가 국어 성적도 잘 받을 수 있어요. 그러기 위해서 결국 문해력을 키워야 하겠죠.

그래서 평소에는 책을 많이 읽어야 해요. 저는 가능하면 문학책을 많이 읽기를 권해요. 서사의 힘을 무시할 수 없더라고요. 글 속의 서사를 읽어낼 수 있는 사람이 다른 글을 읽을 때도 그 안의 흐름을 읽어낼 수 있어요. 문학책을 꾸준히 읽다 보면 자신도 모르게 서사의 힘을 체득할 수 있어요.

독서를 기본으로 해서 국어 공부를 잘하려면 국어 교과서를 꼼꼼하게 읽기를 추천해요. 중학교 국어 시험은 교과서의 내용을 충실하게 반영해서 암기를 기반으로 출제해요. 수업 시간에 선생님이 말씀하시는 것을 하나하나 놓치지 말고 집중해야 해요. 필기를 꼼꼼히 하는 건 당연하고요.

또 국어 단원 중 듣기, 말하기, 쓰기 단원의 경우 실제로 직접 듣거나 말하거나 쓰는 활동을 많이 하는 편이에요. 생각보다 많은 아이가 이 시간에 학습이 이루어지지 않는다고 생각하고 대충 하는 경우가 많아요. 국어 과목은 한 학기에 4개 단원을 배우는데, 그중 2개 이상의 단원이 듣기, 말하기, 쓰기 영역이에요. 이 활동들을 충실히 하지 않는다면 제 학년의 국어 공부를 제대로 했다고 할 수 없죠.

국어 수업 시간에 하는 활동들이 꼭 공부처럼 느껴지지 않을지도 몰라요. 그런데 국어 과목 자체가 인지적인 것만을 가르치지 않아요. 그 점을 명심하고 국어 공부를 한다면 국어 공부를 좀 더 충실히 잘할 수 있지 않을까 싶네요.

저는 영어가 어렵더라고요. 혹시 영어를 잘하기 위한 선생님만의 공부 비법이 있나요?

김 영어는 무엇보다 소리 내어 말하는 것이 좋아요. 단어든 문장이든 무조건 소리를 내어서 말해야 해요. 소리를 내야 그 단어의 발음을 기억하고 철자도 알거든요. 영어에서 억양도 중요한데 이것은 스스로 소리를 내어보지 않으면 알 수 없어요. 영어로 소리를 내는 건 꼭 영어로 잘 말하기 위한 것이 아니라 소리를 내어 읽어야 잘 읽을 수 있기 때문이에요. 초등학교 저학년도 국어 시간에 소리 내서 읽게 하잖아요. 영어도 그렇게 시작해야 해요. 영어는 우리말과 달리 발음할 때 혀와 입술에 긴장이 많이 들어가요. 마치 혀와 입술이 운동하는 느낌이죠. 정말 영어로 말을 많이 하면 입이 아파요. 그래서인지 아이들은 소리 내어 영어를 읽지 않아요. 하지만 입으로 충분히 소리 내어 읽을 수 있어야지 나중에 눈으로 텍스트를 읽어내기가 편해져요. 듣는 것도 마찬가지죠. 내가 소리 낼 수 없는 문장은 들리지 않거든요. 중학교까지는 충분히 소리 내어 읽는 연습을 하는 것이 좋아요.

그리고 국어와 마찬가지로 영어도 많이 읽는 것이 중요해요.

꼭 책이 아니더라도 자신이 좋아하는 분야에 대해 영어로 찾아보고 읽으면 좋아요. 배경지식이 있으면 영어를 더 잘 읽을 수 있거든요. 축구를 좋아하는 아이라면 손흥민 선수의 영국 생활과 활약에 대한 영어 기사를 찾아 읽는 거예요. 축구를 좋아하기 때문에 영어로 쓰여 있어도 축구 용어가 익숙하게 느껴질 거예요. 무엇보다 손흥민 선수의 활약을 알고 있기 때문에 내용도 어렵게 느껴지지 않고요.

요즘은 특히 외국에서 우리나라 문화의 인기가 높잖아요. 배우나 가수들의 영어 실력도 출중하고, 그 배우나 가수들이 직접 외국 방송에 출연하기도 하고요. 그런 영상의 댓글은 대부분 영어예요. 그런 것을 읽는 것도 실제적인 읽기 연습이 되지요.

저는 매일 출퇴근 할 때 영어 방송을 듣고, 교과서 본문 주제를 꼭 영어로 찾아서 읽어요. 요즘에는 챗GPT에 키워드만 쳐도 관련 정보가 많이 나오더라고요. 챗GPT가 제공하는 영어 자료를 읽는 셈이죠. 이런 다양한 영어로 된 읽을거리들을 찾아서 읽으면 자신도 모르게 영어 실력이 성장해 있을 거예요.

학교 수업만으로
문해력이 높아질까요?

배 저는 영어는 우리말이 아니라 그런지 영어 문해력을 키운다
는 게 어렵게 느껴지는데요. 학교 수업만으로 영어 문해력이
높아질까요?

김 학교 수업만으로 그 과목을 잘하게 되거나 문해력이 상승하
지는 않아요. 사실 학습은 스스로 익혀야 하는 부분이 많잖
아요. 중학교 영어는 일주일에 3시간 정도인데, 다른 과목에
비하면 적은 시간은 아니지만, 영어를 잘하려면 그 시간만으
로는 매우 부족하지요. 또 교과서가 가장 중요한 건 맞지만

교과서만으로 영어 문해력을 키울 수는 없어요. 다른 영어 자료를 읽어낼 수 있어야죠. 그게 바로 영어 원서입니다. 영어 원서라고 하면 영어 실력이 아주 대단한 아이들만 읽는 거로 생각하지만 반드시 그렇지는 않아요. 유아와 초등 수준의 영어책은 우리말로 된 책보다 훨씬 종류가 다양하답니다. 공공 도서관에 영어 원서만 모아둔 곳도 많아요. 요즘은 학교 도서관에 영어 원서를 구비하기도 하고요. 두려워하지 말고 도서관에 있는 영어 원서를 구경해보세요.

하지만 영어 글을 읽어내기 위해서는 기초적인 구조와 형식을 알아야 하는데요. 수업 시간에 문법을 배우고, 교과서 지문을 분석하는 활동이 바로 구조와 형식을 알아가는 과정이거든요. 중학교 영어 문법은 모두 중요합니다. 영어 수업에 당연히 집중해야 하고 배운 내용을 활용하고 적용하는 것이 영어책 읽기입니다.

배 그렇군요. 국어도 비슷한 것 같아요. 문해력을 키우기 위해서는 국어 수업이 중요하지만, 다양한 독서가 바탕이 되어야 하거든요. 독서를 잘하기 위해서는 학교 수업이 또 중요하기도 하고요.

제가 아까 국어 수업 시간에는 인지적인 학습만 하지 않는다고 말씀드렸잖아요. 우리가 사용하는 국어가 글만을 사용해서 이루어지지 않아요. 듣고, 말하고, 읽고, 쓰는 모든 것이 국어이고, 이 모든 것을 국어 수업 시간에 다뤄요. 국어는 모국어이기 때문에 다른 언어보다 훨씬 수월하게 받아들이고 익힐 수 있어요. 즉, 우리가 일상에서 사용하는 모든 것들이 국어와 관련되고 그 모든 것들을 체계화해서 국어라는 과목이 만들어졌어요. 국어 수업은 우리 언어생활의 축소판이라고 봐도 무방해요. 그 말은 국어 수업 시간에 충실하게 참여한다면 제 학년에서 반드시 익혀야 할 언어생활의 가장 기본적인 건 익혔다고 볼 수 있다는 거죠.

그래서 저는 듣기나 말하기 시간에도 아이들이 모두 다른 사람의 말을 듣거나, 학급 아이들 모두 발표할 수 있도록 하는 편이에요. 직접 경험하는 것과 이론만 아는 건 다르거든요. 이렇게 수업 시간에 기본적인 습관을 지니고, 교과서나 학습지를 통해 다양한 읽기 자료를 접하고, 이를 자신의 글로 표현할 수 있어야 해요. 처음에는 국어 교과서로 문해력을 훈련하고, 점차 다른 과목 교과서를 읽으면서 문해력을 확장하는 거죠. 이것을 교과력이라 할 수 있는데요, 중학생이 되면 독서와 국어 수업 시간의 공부를 바탕으로 국어 교과서뿐 아니라 다양한 과목의 교과서를 읽을 수 있어야 해요.

국어 과목은 다른 과목을 읽고 이해하기 위한 도구 교과예요. 국어 수업을 잘 듣고, 활동을 충실히 하는 것만으로 문해

력을 키울 수 있어요. 이를 기본으로 하되 다양한 영역의 독
서로 문해력을 향상할 수 있죠.

김 다른 교과서를 읽으면서 문해력을 키워야 한다는 말, 정말 공
감해요. 영어 교과서에도 다양한 지문이 있어요. 예전에 가르
쳤던 교과서에 지구의 자전과 공전에 관한 본문이 있었거든
요. 제가 영어로 해석은 했지만 정확하게 이해가 되지 않아
과학 선생님께 여쭤본 적도 있어요. 영어 교과서에 미술작품
도 나오고요. 직지심체요절을 찾아낸 박병선 박사의 일화나
세계 각지의 가옥 형태를 설명한 본문도 있어요. 다른 교과
시간에 배운 내용과 관련되는 것이죠. 영어 역시 다른 과목
을 학습하기 위한 기본적인 수단이 되는 교과이기 때문에 다
양한 영역의 독서를 해두는 것이 좋아요.

2장

위기 탈출,
중등 문해력

1

모든 공부의 기초가 되는
국어 문해력 키우기

문해력을 키워야겠다는 생각은 들지만,
어떻게 해야 할지 구체적인 방법이 궁금하시죠?
우선 모든 공부의 기초가 되는
국어 문해력을 키워야 합니다.
문해력을 키우기 위한 국어 공부 로드맵부터
국어 문해력을 위한 습관까지,
차곡차곡 한 단계씩 국어 문해력을
쌓아나가 볼까요?

문해력과 어휘력
같을까, 다를까?

'노새 두 마리'라는 작품으로 국어 수업을 하고 있었습니다. '노새 두 마리'는 70년대 산업화가 시작되던 무렵 서울에서 노새로 짐을 나르던 배달꾼 이야기입니다.

이 작품에는 문화 주택, 슬래브 집, 퍼머스트 아이스크림, 슈샤인보이 등 70년대 문화를 느낄 수 있는 어휘가 많이 나옵니다. 이 단어들을 제대로 이해하지 못하면 작품을 읽을 수 없습니다. "선생님, 슬래브 집이 어떻게 생긴 거예요?", "선생님, 슈샤인보이가 뭐예요?" 하고 작품을 읽는 내내 아이들이 질문했습니다. 2020년대를 사는 아이들이니 최소 50년 이상의 문화 차이가 나는 셈이지요.

　모르는 단어가 나올 때마다 아이들과 하나하나 인터넷을 찾아 검색하면서 작품을 읽었습니다. 아이들은 인터넷에서 어휘의 뜻을 읽으면서도 쉽게 이해하지 못했습니다. 한 번도 경험해 보지 않은 문화이니까요. 그러니 이해하지 못할 수밖에요.

　고작 20페이지를 읽는데, 두 시간이나 소요됐습니다. 너무 긴 시간이 걸렸지요? 국어 교과서 속 작품을 읽는 것이 이 단원의 학습 목표가 아닌데도요.

　이 단원에서 실제로 공부해야 할 내용은 아직 시작도 하지 못했습니다. 하지만 모르는 어휘가 많아 어쩔 수 없었습니다. 내용을 이해해야 다음 단계로 나갈 수 있으니까요. 이렇게 모르는 어휘들을 하나하나 찾아서 이해하고 나니 다행히 수업의 진도가 훨씬 빨라졌습니다. 덕분에 예상보다 빠르게 학습 목표에 맞는 활동을 원활하게 진행할 수 있었지요.

문해력과 어휘력은 이어진다

　공부할 때, 모르는 어휘가 많이 나오면 어떻게 될까요? 아마 한 페이지도 제대로 읽기 힘들 겁니다. 모르는 어휘가 나올 때마다 사전을 찾는다면 글을 읽던 흐름이 깨지고, 그러면 글을 제대로 이해하기 힘들지요. 결국 글을 제대로 읽지 못하고, 흥미도 잃을 겁니다. 문해력과 어휘력은 분리된 것이 아닙니다. 어휘력이 탄탄

해야 그것을 바탕으로 문해력을 키울 수 있습니다.

그러면 어휘력을 키우기 위해서는 어떻게 해야 할까요? 중학생이 되면 부모의 마음이 조급해집니다. 지금에 와서 돌이켜보면 초등학생 때가 여유 있었던 것 같습니다. 독서로 어휘력을 키우는 것이 좋다는 건 알지만, 지금 당장은 성적이 중요하니 어휘력을 키우기 위해 여유 있게 독서할 수 없을 것만 같고요. 인터넷에 검색해보니 중학 어휘력 교재가 꽤 있습니다. 아이의 어휘력을 키우기 위해 교재를 구입해서 풀게 합니다. 어휘력 교재를 풀면 아이의 어휘력이 좋아질 것 같아 이제 좀 안심입니다.

어휘력 교재보다 우선돼야 할 독서

그런데 이게 좋은 방법일까요? 어휘력 교재를 자세히 살펴본 적 있나요? 어휘력 교재는 각종 교과목에서 필요한 어휘들을 모아서 집약적으로 어휘력을 키울 수 있도록 도와줍니다. 덕분에 빠르게 어휘력이 늘어나는 기분이 들게 합니다. 그러나 문해력을 키우기 위해서는 단어의 뜻을 아는 것만으로 안 됩니다. 글 전체의 흐름에 맞게 어휘의 뜻을 파악하고, 이해해야 합니다. 물론 어휘력 교재들도 문맥의 의미를 파악해서 어휘를 익힐 수 있도록 훈련시킵니다만 그것만으로 부족한 부분이 분명히 있습니다.

어휘력이 있다는 것은 글을 읽고, 그 글에서 사용된 어휘의 뜻을 파악할 수 있는 것입니다. 어휘력을 키우려면 짧은 글보다 긴 글을 읽는 게 좋습니다. 너무 짧으면 문맥을 파악하기 힘들거든요. 글의 길이가 어느 정도는 되어야 글 전체의 커다란 흐름을 이해하고, 파악할 수 있습니다. 이 과정이 바로 독서입니다. 어휘력을 키우기 위해서는 근본적으로 독서를 해야 합니다.

중학생은 공부에 치여서 독서할 시간이 없다고요? 저는 오랫동안 중학교 3학년 담임을 했고, 십여 년간 고등학교에서도 근무했습니다. 수많은 중고등학생을 지켜보았지요. 적어도 중학생은 독서 시간이 충분하다는 것을 알게 되었습니다. 물리적으로 시간이 부족한 것이 아니라 심리적으로 시간이 부족하거든요.

긴 시간이 아니어도 됩니다. 하루 10분이라도 좋습니다. 꾸준함이 중요합니다. 이때 한 페이지에 모르는 어휘가 3~4개 정도 있어서 문맥에 비추어서 그 의미를 파악할 수 있는 책이 아이의 수준에 맞는 책입니다. 이렇게 독서를 통해 어휘력을 키워야 글의 흐름을 잡고 문해력을 키울 수 있습니다.

고등학생이 되면 책을 읽을 시간은 현저하게 줄어듭니다. 모의고사나 교과서에서 읽고 이해해야 하는 지문의 길이는 중학교보다 훨씬 길어집니다. 지문이 너무 길다 보니 제대로 읽지 못하는 아이가 많습니다. 중학교 때 책을 많이 읽지 못한 것을 후회하며 뒤늦게 땅을 쳐봤자 소용없습니다. 고등학생이 되기 전에 긴 글을 읽을 수 있는 어휘력과 문해력을 키워 놓아야 합니다.

중등 문해력의 비밀

중학생의 문해력, 아직 늦지 않았다!

초등학생 때 어휘력을 갖추지 못했어도 괜찮습니다. 중학생은 문해력을 키우기 늦었다고 생각하지 마세요. 우리는 늘 국어로 말하고, 듣고, 읽고, 씁니다. 이미 우리는 생활 속에서 꾸준히 어휘력을 위한 바탕을 다지고 있습니다. 게다가 초등학생 때에 비해 아이들의 인지력은 눈에 띄게 발달합니다. 훨씬 정교한 활동도 가능하고, 복잡한 글도 읽고 이해하고, 이를 글로 표현할 수도 있습니다. 중학교 시기에 독서를 많이 하면 문해력을 섬세하게 다듬을 수 있습니다.

오히려 초등학생 때 책을 많이 읽었으니 충분하다고 생각하며 중고등학교 시기에 잘 가다듬지 않으면 문해력을 제대로 키울 수 없습니다. 초등학생 때에 비해 어휘력과 문해력을 폭발적으로 키울 수 있는 중학생 때야말로 문해력을 키우는 황금기라고 단언할 수 있습니다.

왜 국어 문해력부터
키워야 할까?

　중학교 2학년 영어 지필고사 감독 때의 일입니다. 시험 도중 한 아이가 손을 들어서 질문이 있다고 했습니다. 제 과목이 아니었기에 영어 선생님을 불렀습니다. 영어 선생님이 교실에 들어왔습니다. 아이는 영어 선생님께 무언가를 질문했습니다. 제가 가르치는 학년이 아니라 정확하게 알 수는 없었지만, 영어 지문 해석이 안 되어서 질문하는 건 아닌 것 같았습니다. 넌지시 질문을 들어보니 그 문제는 '첫 번째 단락'을 해석하여 그 단락의 중심 문장을 한글로 쓰는 것이었습니다. 영어 선생님이 그 아이에게 뭐라고 조그만 목소리로 설명을 하고 가셨지만, 아이의 표정은 개운치 않아 보였습니다. 나중에 답지를 슬쩍 보니 그 문제의 답은 여전히 빈칸이었습니다. 영어 시험에서 영어가 아닌 한글 '단락'이라는 어휘를 몰라 못 푸는 것이었죠. 물론 국어 선생님인 제가 '단락'의 뜻을 설명해줄 수도 있지만 섣부른 설명으로 평가 결과에 영향을 줄 수 있을 것 같아 조용히 있었던 기억이 있습니다.

안타깝지만 시험 기간마다 이런 아이들을 많이 봅니다. 이런 아이들이 대부분 공부를 못하거나 성적이 낮은 아이들일까요? 꼭 그렇지는 않습니다. 오히려 영어를 잘하는데 그 말을 한글로 뭐라해야 하는지 몰라서 혼란스러워하거나 그 어휘를 설명하면 이해하지만, 그냥 읽어서는 해당 어휘를 모르는 아이들도 많습니다. 글을 읽으면서 글자는 읽지만 글 속에서 이야기하고자 하는 것을 파악하지 못하는 아이는 더 많고요. 영어 시험 시간뿐 아니라 수학, 사회, 과학 등 거의 모든 과목에서 비슷한 상황이 발생합니다.

어휘만 익힌다고 글을 읽을 수 있는 건 아니다

어휘를 익히고 나면 필연적으로 따라와야 하는 것이 그 어휘들이 모인 글을 읽어내는 것입니다. 글자를 읽고 어휘의 뜻을 아는 것과는 다릅니다. 글 속에 있는 맥락을 읽어내야 하니까요. 단순히 글자를 읽어내는 건 어렵지 않습니다. 그 글이 무엇을 의미하는지 글의 목적과 의도를 읽어내는 것이 더 중요합니다.

저는 아이들에게 반어법을 설명할 때마다 뜬금없이 "잘~한다."

라고 합니다. 그러면 아이들이 깜짝 놀라며 제게 집중합니다. "너 왜 그렇게 놀랐어?" 하면 머뭇거리면서 대답을 못 합니다. 그러면 제게 집중한 아이들에게 "너희들이 놀란 이유가 뭘까? 만약에 방이 엉망인데 엄마가 '잘~한다'고 했다면 그게 정말 잘했다는 뜻일까?" 하면 아이들은 고개를 젓습니다. '잘한다'는 어휘의 뜻은 '옳고 바르게 한다(네이버 국어사전)'입니다. 그러나 제가 예를 든 상황은 전혀 잘한 게 아니죠. 이때 의미는 '잘못했다'는 거죠. 단순한 예를 들었지만 이렇게 겉으로 드러난 어휘의 뜻만을 알아서는 글의 의미를 제대로 파악할 수 없는 경우가 많습니다. 이렇듯 어휘만 안다고 해서 문맥의 내용을 파악할 수 있는 건 아닙니다.

대부분의 아이는 초등 저학년부터 '스토리텔링 수학'이라며 많은 문제를 풀었을 겁니다. 스토리텔링 문제를 풀려면 우리말로 된 문제가 무슨 뜻인지 파악하는 것이 중요합니다. 계산식을 만들어서 계산하는 건 그다음 단계의 일입니다.

'1더하기 1은?' 하고 문제를 냈다면 쉽게 '2'라고 했을 아이가 '혜림이는 사과를 하나 가지고 있었어요. 그런데 길을 가다가 수린이를 만났어요. 수린이가 혜림이에게 사과를 하나 더 주었어요. 그러면 혜림이가 가지고 있는 사과는 몇 개일까요?'라는 스토리텔링 문제를 만나면 '2개'라고 쉽게 대답하지 못합니다.

이 긴 문장을 읽고 무슨 말인지 이해한 다음에, 그것을 바탕으로 계산식을 만들어야 하기 때문입니다. 단순한 연산 문제보다 훨씬 더 많은 사고의 과정이 필요하지요. 이 글을 읽고 의미를 파악하지 못하면 '1+1'이라는 계산식을 만들지 못합니다.

안타깝지만 스토리텔링 문제는 학년이 올라간다고 해서 없어지지 않습니다. 학년이 올라갈수록 계산이 복잡해지는 것만큼 문제도 길어지거든요. 오히려 더 많이 생각하도록 복잡하게 질문합니다. 중학생이 되면 스토리텔링 문제가 더욱 견고해지면 견고해졌지 결코 없어질 리는 없습니다.

어떤 과목을 공부하든 필요한 것이 바로 국어 문해력입니다. 국어 문해력은 국어라는 과목 하나에만 필요한 것이 아닙니다. 그래서 국어를 다른 과목을 공부하기 위한 도구 교과라고 합니다.

해가 갈수록 글자를 읽을 수 있고, 그 글자가 모인 글도 소리 내어 읽을 수 있지만, 그 내용은 이해하지 못하는 아이들이 늘어나고 있다는 것이 확연히 느껴집니다. 글을 읽을 때 집중하는 시간도 점점 짧아지고요. 다른 공부를 하는 것도 중요하지만, 다른 과목의 공부를 잘하기 위해서 특히 국어 문해력을 키우는 것이 중요합니다.

국어 문해력을 키우기 위해 반드시 필요한 '독서'

국어 문해력을 키우기 위해 가장 필요한 것이 무엇일까요? 바로 독서입니다. 많은 사람이 독서와 국어를 비슷하게 생각합니다. 엄밀히 말하면 독서와 국어는 같지 않습니다. 그렇다고 이 둘을 떼어 놓고 생각할 수도 없습니다. 독서를 꾸준히 하면 국어 공부에 도움이 되고, 국어 공부를 하면 책을 훨씬 잘 읽을 수 있으니까요. 또 국어 문해력을 키우기 위해서 필수적인 것이 독서입니다.

그뿐인가요, 영어를 해석하고 단어를 외우기 위해서도 국어를 알아야 하고, 수학의 문장형 문제나 서술형 문제를 이해하고 답을 쓰기 위해서도 글을 제대로 읽을 수 있어야 합니다. 사회나 과학 공부를 하려고 해도 우선 비문학 책인 교과서를 제대로 읽어야 하고요. 사회, 과학 용어가 좀 어려운가요. 용어를 제대로 이해하지 못하면 교과 진도를 따라가기 힘듭니다. 결국 어떤 과목을 공부하건 독서와 국어는 필수입니다.

해가 갈수록 전 교과 선생님들이 입을 모아 하는 말이 있습니다. 국어를 잘하는 아이가 다른 과목 공부도 잘한다는 겁니다. 그 말을 다시 생각해 보면 글을 제대로 읽을 수 있는 아이가 학교 공부도 잘할 수 있다는 뜻이지요. 글을 잘 읽는다는 것은 문해력이 좋다는 뜻이고, 문해력이 좋다는 것은 교과서의 글을 잘 읽는다는 뜻입니다. 결국 문해력이 학교 공부 전부를 좌우한다는 말입니다.

문해력을 키우는
중등 국어 교재 로드맵

국어 교재는 독서로 다져진 국어 실력을 날카롭게 가다듬기 위한 도구입니다. 독서를 많이 한 아이들은 문해력이 높은 편인데요. 이것은 초등학교 때부터 이어온 독서와 학교 국어 수업 시간에 했던 다양한 활동을 통해 쌓은 능력이죠. 독서량에 따라 차이가 있기는 하지만, 대부분 중학생은 인지 능력의 발달과 그동안 배웠던 배경지식으로 문해력을 키울 수 있는 씨앗을 가지고 있습니다.

중학생이 되면 문해력을 더 다듬어야 합니다. 아무리 훌륭한 칼을 가지고 있다고 하더라도 어떻게 다루고, 관리하는지 모른다면 제 가치를 하지 못합니다. 독서와 국어 교과서로 실력을 다지고 그 위에 국어 교재로 훈련하면 기초가 탄탄한 국어 실력을 갖출 수 있습니다. 중학생이라고 해서 초등학생 국어 교재보다 수준이 갑자기 어려워지거나 내용이 아주 달라지지는 않습니다. 그러면 중학교 국어 교재는 어떻게 공부해야 효과적일까요?

1. 국어 교과 교재

교과 교재는 학교에서 배우는 교과서 내용을 다루는 교재입니다. 저는 국어 교과 교재를 적극적으로 추천하지는 않습니다. 하지만 지필평가를 대비하려면 평가 교재 정도는 있으면 도움이 됩니다.

교재보다 중요한 건 교과서
국어 공부를 할 때, 가장 중요한 것은 수업 시간에 공부했던 교과서와 교사가 나눠준 학습지입니다. 교사들은 이 두 가지를 바탕으로 시험 문제를 출제하거든요. 교과서와 학습지를 먼저 충분히 공부한 다음 교과서의 내용을 확인하기 위해 교재를 풀어야 합니다.

국어 교과서를 살펴보면 부모님이 배웠던 과거 교재에 비해 글이 많지 않다는 걸 알 수 있습니다. 하지만 그 부족한 부분을 메우려고 국어 교재를 풀어야 한다는 결론으로 이어지면 안 됩니다. 수업 시간에 집중하고, 선생님의 말씀을 필기하는 것이 중요합니다. 교과서의 빈자리는 수업 내용으로 채워야 합니다.

교사는 교과서에서 추가하고 싶은 부분을 학습지로 제공하기도 하니, 수업 시간에 교사가 나눠준 학습지가 있다면 잘 챙겨야 합니다.

수업에서 제공되는 학습지는 반드시 챙기자

국어를 복습할 때는, 교과서와 학습지를 보면서 수업 시간에 했던 내용을 다시 떠올려야 합니다. 이때 학습 목표를 보고 수업 시간의 활동을 떠올리면 좋습니다. 수업은 대부분 학습 목표를 위해 구성되니까요.

그렇게 머릿속에 단원별 전체 맥락을 만들어 이해하면서 교과서와 학습지를 봐야 합니다. 이 과정에서 꼭 필요한 것이 교과서와 학습지를 읽고 해석하는 능력입니다. 교과서를 읽고 완전히 이해했다면, 그다음으로 교과 교재를 풀면서 내가 교과서와 학습지를 제대로 이해했는지 세세하게 확인합니다.

교과 교재는 반드시 교과서와 같은 출판사의 것으로

교과 교재를 살 때, 주의해야 할 것이 있습니다. 반드시 아이가 다니는 학교의 국어 교과서와 같은 출판사의 것을 사야 합니다. 같은 출판사에서 여러 권이 나올 수 있으므로 저자도 살펴야 합니다. 만일 같은 출판사에서 나온다고 하더라도 저자가 다르면 아예 다른 책이라고 생각하면 됩니다.

교과서를 살펴보면 출판사마다 학습 목표는 거의 비슷합니다. 그렇지만 학습 목표가 같아도 교과서에 수록된 작품이 다르면 수업이나 평가 내용이 완전히 달라질 수 있어요. 출판사를 꼭 확인해야 하는 이유지요.

예를 들어 A 교과서와 B 교과서의 1단원 학습 목표가 '시의 운율을 느낄 수 있다'로 같지만 A 교과서에는 윤동주의 시가 나오고, B 교과서에는 김영랑의 시가 나올 수 있습니다. 작품에서 시의 운율을 찾는 것은 같지만 분석하는 시는 다르기 때문에 수업 내용은 전혀 다릅니다. 같은 학습 목표를 제시했다 해도 출판사마다 전혀 다른 작품을 선정해 놓았을 수 있습니다. 그러므로 학교 성적을 위해 국어 교재를 구입한다면 반드시 출판사와 저자가 같은 것으로 구입하세요.

EBS 중학에서 국어를 다루는 뉴런 강의가 있습니다. 이 강의와 교재는 학교에서 다루는 작품과 동일한 작품을 다루지는 않지만, 핵심적으로 학습해야 할 요소를 다루고 있습니다. 국어를 광범위하게 공부하고 싶다면 뉴런 강의를 듣고 강의에 사용하는 교재를

중등 문해력의 비밀

풀도록 합니다. 중학 국어의 바탕을 다질 수 있습니다.

2. 독해 교재

교과 외에도 다양한 영역의 교재가 있습니다. 국어는 수학처럼 개념-유형-심화 등으로 명확하게 위계가 구분되지는 않습니다. 국어 교재는 대부분의 출판사가 총 3권으로 구성해 놓았는데요, 어느 출판사의 것이든 교재를 1권부터 3권까지 차근차근 풀면 됩니다.

초등학생 때 아마 한 번쯤은 '세 마리 토끼 잡는 독서 논술', '뿌리 깊은 초등국어 독해력', '초등국어 독해력 비타민'과 같은 교재 이름을 들어봤을 겁니다. 초등학생 국어 교재는 영역별로 교재가 세분되어 있지 않고, 교재 하나에 전 영역을 다룹니다. 그에 비해 중학교 국어 교재는 대부분 독해, 문학, 어휘력, 문법으로 영역이 나누어져 있습니다.

학년별 국어 영역 권장 교재

물론 교과 외의 교재는 권장 학년이 제시되어 있지만 독해 교재는 중학교 1학년부터, 문학 교재는 중학교 2학년부터, 문법 교재는 중학교 3학년 때 풀기를 추천합니다.

학년별 국어 영역 교재 추천

학년	교재		
중학교 1학년	독해 교재	–	–
중학교 2학년		문학 교재	–
중학교 3학년			문법 교재

다음은 교재 추천입니다. 절대적인 것은 아닙니다. 제가 추천한 교재보다 훨씬 좋은 교재가 차고 넘칩니다. 영 별로인 교재도 없습니다. 문제의 수준이나 지문의 수준이 다 상향 평준화되어 있습니다. 그러니 어떤 교재가 더 좋을지 고민할 필요 없습니다. 편집이나 구성이 조금씩 다른 편이라 자신이 선호하는 디자인으로 고르면 됩니다. 교재를 선정하는 가장 좋은 방법은 아이가 직접 교재를 살펴보고 제일 마음에 드는 것으로 선택하는 것입니다.

독해 교재는 분량보다 꾸준함으로

독해 교재는 비문학 지문을 읽고 문제를 푸는 교재입니다. 대학수학능력시험에서 어려워하는 비문학 지문을 중학교 때부터 대비하는 교재라고 생각하면 됩니다. 비문학 지문 하나, 그 지문과 연계된 문제 서너 개로 구성되어 있습니다. 하루에 서너 지문씩 풀게 하는 경우도 있지만, 한 번에 너무 많이 풀 필요는 없습니다. 매일 10분 정도, 하나씩만 풀어도 충분합니다.

너무 짧다고요? 그 이유는 비문학 문제를 푸는 것만이 목적이 아니기 때문입니다. 다양한 비문학 글을 읽고 요약하는 훈련을 하는 데 비문학 교재 풀기의 목적을 두어야 합니다.

비문학 교재를 푸는 또 다른 이유는 아이가 질리지 않게 꾸준히 다양한 비문학 관련 글을 접하게 하는 데 있습니다. 평소라면 전혀 접하지 않았을 영역인데, 비문학 교재를 통해 그 영역의 글을 접하게 하고 그것과 관련된 내용이 궁금하다면 다른 책이나 자료를 읽고 그 내용과 관련된 지식을 확장하는 계기로 삼는 거죠.

독해 교재 선택 시 유의점

중학교 독해 교재는 대부분 학년별로 세 권으로 이루어져 있습니다. 독해 교재를 처음 푼다면 자신의 학년보다 낮은 수준으로 사기를 추천합니다. 중학교 1학년이라면 초등 고학년용 독해 교재도 좋습니다. 전략적인 읽기를 해본 적이 없는 아이에게 낯설고 어려운 지문을 읽히면 아이는 독해 교재를 아예 쳐다보지 않을지도 모릅니다. 교재가 쉬워야 지문의 수준이나 문제가 쉽습니다. 처음 보는 교재라 잔뜩 긴장하더라도 지문이나 문제가 쉬우면 그것을 읽고 풀면서 자신감을 가질 수 있습니다.

비문학 교재는 학년이 낮다고 해서 결코 지문 수준이나 문제 수준까지 낮지는 않습니다. 준비운동을 한다는 생각으로 낮은 학년의 내용을 읽고 공부하며 독해 실력을 다진 후, 제 학년의 독해

독해 교재 로드맵

우공비 중학 국어 비문학 독해 (1~3권) 좋은책신사고	• 내용 이해하기, 구조 파악하기, 설명 방식 파악하기, 추론하기 등의 여러 주제로 나누어서 작품 수록 • 한 지문당 2~3개의 문제가 있음 • 지문 오른쪽에 지문 접근 방법, 내용 파악, 핵심 내용 정리 등을 할 수 있는 '독해 스킬 박스' 수록 • 설명, 추론, 적용 등의 문제 출제 • 가로세로 낱말 풀이나 사다리 문제 등 어휘력 문제 수록 • '정답 및 해설'에 정답과 오답을 자세히 안내함
자이 스토리 중학 국어 독해력 완성 (1~3권) 수경출판사	• 핵심어 찾기, 중심 문장 찾기 등 주제별로 여러 영역을 섞어 매일 2개씩 수록 • 매일 2개의 지문 뒤에 어휘를 공부할 수 있는 문제와 배경지식을 넓힐 수 있는 읽을거리 제공 • 지문 오른쪽에 각 문단의 핵심어와 중심 문장 등 주제에 해당하는 부분을 찾도록 구성 • 첫 번째 지문은 설명 위주, 두 번째 지문은 문제 위주로 구성 • '정답 및 해설'에 첨삭 해설을 통해 이해하기 쉽게 안내함
숨마 주니어 중학 국어 비문학 독해 연습 (1~3권) 이룸E&B	• 인문, 사회, 과학, 기술, 예술의 다섯 가지 분야로 나누어서 작품 수록 • 한 지문당 2~3개의 문제가 있음 • 내용 일치, 글의 목적, 전개 방식, 단어의 문맥적 의미, 추론 등의 문제 출제 • 지문 5개마다 '어휘 테스트' 수록 • 난이도 보통, 지문을 꼼꼼히 읽으면 풀 수 있음 • '정답 및 해설'에 혼자서도 공부할 수 있도록 자세한 설명 수록
빠작 중학 국어 비문학 독해 (0~3권) 동아출판	• 인문, 사회, 과학, 기술, 예술, 복합의 여섯 가지 분야로 나누어서 작품 수록 • 한 지문당 2~3개의 문제가 있음 • 지문 분석, 배경지식, 어휘·어법 등의 문제 출제 • 뒤 페이지에 지문마다 지문 분석(문단 요약, 정보 확인, 글의 구조) 필수 • 배경지식을 넓힐 수 있는 읽을거리, 어휘·어법 문제 수록

중등 문해력의 비밀

예비 매3비	• 문법, 사회·예술, 과학·기술의 영역을 섞어 매일 3개씩 수록
	• 단계별 공부법대로 공부해야 함(1단계 지문 읽는 시간 재기, 2단계 문제 풀 때 OX 표시하기, 3단계 지문 한 번 더 읽고 요약하기)
	• 3개 지문을 공부하면 복습 페이지 쓰기
키출판사	• 내용은 좋으나 첫 교재로는 난도가 높음. 다른 여러 비문학 교재로 기본기를 쌓은 후 중학교 3학년 여름 방학 이후에 도전 권장

교재를 풀면서 비문학을 읽는 기술을 심화하면 됩니다. 매일 조금씩 하면 낮은 단계에서 시작했다 해도 언젠가는 제 학년의 독해 교재를 풀고 있을 겁니다.

이렇게 독해 교재를 통해 낯선 지문을 접해서 다양한 영역의 지문에 대한 이해를 높이고 문해력을 키우도록 해주세요.

독해 교재를 풀 때는 지문을 읽고 그것을 요약하는 것에 초점을 두세요. 중학생의 독해는 문제 푸는 요령을 익히는 것이 아니라 지문을 읽고 이해하는 훈련을 하는 겁니다. 비문학 영역의 문제를 푸는 요령이 따로 있는데, 고등학교 때 그 요령을 익혀도 늦지 않습니다. 그전까지는 독해 교재를 통해 글을 이해하고 요약하는 근육을 키우는 것이 더 중요합니다.

독해 교재 로드맵

위의 표에 중학생들이 많이 푸는 교재를 중심으로 5종 시리즈를 비교했습니다. 순서는 많은 아이가 쉽다고 하는 것부터 어렵다고 하는 순입니다. (이것이 절대적인 순서는 아닙니다. 국어 영역의 난이도는 주관적인 면이 강합니다.) 그러나 앞서 이야기한 것처럼 위계가 강한 과목이 아니라 어떤 것을 먼저 풀어도 상관이 없습니다. 교재의 수준이 크게 차이 나지는 않습니다. 또, 제시한 교재가 절대적인 교재는 아닙니다. 제일 좋은 것은 교재를 직접 펼쳐 볼 수 있다면 아이가 직접 교재를 살펴보고 원하는 교재부터 풀도록 하는 겁니다.

3. 문학 교재

중학생용 문학 교재도 시중에 많습니다. 하지만 문학 교재로 문학을 공부하라고 추천하지는 않습니다. 중학생이라면 다양한 문학 작품을 읽고, 고등학생이 된 뒤에 문학 작품을 이론적으로 분석하고 공부하기를 추천합니다.

문학 교재보다 문학 작품 읽기부터

고등학생이 되면 문학 작품을 분석하며 본격적으로 문학 공부를 해야 합니다. 그러나 그전에는 다양한 문학 작품을 읽고 작품의 내용을 아는 것이 더 중요합니다. 다 읽지 못한다면 최소한 작품의 줄거리라도 파악해야 합니다.

고등학생이 되면 수업 시간에 수많은 작품이 쏟아집니다. 그때 그 작품들의 내용을 알고 있으면 수업의 내용을 잘 이해할 수 있지만, 모른다면 이해하기 힘듭니다. 그런데 중학교 때까지 독서를 소홀히 한 아이들이 과연 이 작품들을 읽었을까요? 저는 아니라고 봅니다.

아이가 고등학생이 되기 전까지 문학 교재를 몇 권 풀기보다 다양한 문학 작품을 두루두루 읽는 것이 더 중요합니다. 그래야 고등 공부에 필요한 긴 글을 읽는 힘도 자라니까요.

하루에 단편 소설 한두 작품을 꾸준히 읽도록 해주세요. 5~10분 정도면 충분합니다. 그런데도 아이가 책을 읽지 않는다면 그때 문학 교재로 조금씩 문학을 접해보는 것도 좋습니다.

중학교 문학 교재 선택 시 유의점

중학교 문학 교재는 대부분 학년별로 세 권으로 이루어져 있습니다. 문학 교재를 풀 때는 1부터 단계별로 풀면 됩니다. 문제 맞히기에 집중하기보다 문학 작품을 알아가는 데 초점을 둡니다. 문학 문해력을 키우는 거지요.

만일 아이가 문학 작품 읽기를 싫어한다면 먼저 문학 교재를 풀고, 교재에 나온 작품의 전문을 책에서 찾아서 읽으면 됩니다. 문학 교재를 문학 작품을 읽기 위한 도구로 활용하는 거죠. 문학을 접하기도 전에 작품을 이론적으로 접근해서 분석하는 방법은 추천하지 않습니다. 그건 고등학생이 되어서 해도 늦지 않으니까요. 중학교 시기는 문학 작품을 분석하기 위해 작품을 많이 아는 것에 중점을 두세요.

문학 교재 공부는 필요하다면 중학교 2학년부터 시작하세요. 이때 주의할 것은 아이가 학습에 부담을 느끼면 안 됩니다. 문학을 공부한다고 하더라도 독해 역시 계속 공부해야 하거든요. 독해 교재를 꾸준히 푸는 데 익숙해지면 문학 교재를 풀게 해주세요. 그러려면 너무 많은 교재를 풀게 하면 안 됩니다. 최소의 분량으로 하되 꾸준히 공부하는 것을 추천합니다.

문학 교재 로드맵

앞서 중학생은 문학 작품을 많이 읽는 것이 중요하다고 강조했습니다. 교재는 최후의 보루로 남겨주세요.

문학 독서 로드맵은 제일 먼저 한국 단편 소설을 읽고, 다음으로 고전 소설을 읽습니다. 하루에 한두 작품 정도면 충분합니다. 독후 활동이나 문제 풀기, 독후감 같은 건 아이가 원하지 않으면 안 해도 됩니다. 읽으면서 많은 작품을 아는 것이 목적입니다.

문학 작품을 많이 읽으면 자연스럽게 읽는 능력이 향상됩니다. 문학 교재를 풀고 싶다면 이 작품들을 다 읽고 난 다음에 해도 됩니다.

문학 교재 로드맵

자이 스토리 중학 국어 문학 독해 (1~3권) 수경출판사	• 시, 소설, 수필, 희곡을 골고루 배분해서 하루에 작품 2개씩 구성 • 본문과 관련해 지문 설명, 문제 풀이 수록 • 문학 용어 설명 수록 • 문학 용어와 어휘 테스트 수록
빠작 중학 국어 문학 독해 (1~3권) 동아출판	• 시, 소설, 수필, 희곡을 골고루 배분하여 다양한 작품을 볼 수 있도록 함 • 갈래별 기본 개념 정리, 작품 내용을 이해할 수 있는 줄거리 제시 • 어휘 문제 수록, 문제와 연관된 개념 다지기 • 작품 독해 방법 구조화, 배경지식 넓힐 수 있는 읽을거리 제공
EBS 윤혜정의 개념의 나비효과 입문편 한국교육방송공사	• 비문학과 문학으로 구성 • 다른 교재와 달리 문제 중심이 아니라 개념을 정리하는 방식으로 구성됨 • 중학교 3학년 겨울방학 때 인강(EBSi)과 함께 들으며 공부하는 것을 추천

문학 교재도 비문학 교재 출판사의 교재와 거의 비슷합니다. 중학생들이 가장 많이 푸는 것 위주로 위에 세 가지만 제시했습니다. 이 외에도 다양한 문학 교재가 있으니 아이와 직접 서점에 방문해서 문학 교재를 살펴보세요.

4. 어휘 교재

요즘 아이들의 어휘력이 많이 떨어진 것 때문인지 문해력이 강조되는 사회 분위기 때문인지 시중에는 어휘를 보강하기 위한 교재가 꽤 많습니다. 독해 교재와 어휘를 다루는 교재가 짝으로 나오는 것도 있고, 독해 교재 1권 안에 어휘와 관련된 내용을 포함하는 것도 있고, 교과서에 나오는 단어를 중심으로 만든 어휘 교재도 있습니다.

중학교 어휘 교재 선택 시 유의점

어휘 교재도 비문학 교재와 마찬가지로 학년별로 세 권으로 구성된 것이 많습니다. 어휘 교재는 주로 어휘뿐 아니라 맞춤법(문법), 띄어쓰기, 속담 등 어휘의 전반적인 것들을 다루어 어휘력을 향상할 수 있도록 합니다.

평소에 독서를 많이 하거나 교과서를 꼼꼼하게 읽는 아이라면 굳이 어휘 교재를 따로 공부할 필요는 없습니다. 평소의 독서 활동으로 충분합니다. 어휘력을 키우는 가장 좋은 방법은 다양한 글을 읽으며 문맥을 통해 어휘의 뜻을 익히는 것입니다. 그러나 여러 상황으로 독서가 여의찮아 어휘력이 부족하거나, 아이가 어휘를 집중적으로 공부하기를 바란다면 어휘 교재로 공부하는 것도 좋은 방법입니다.

중등 문해력의 비밀

EBS 어휘가 독해다! 중학 국어 어휘 (중학 국어 어휘, 수능 국어 어휘) 한국교육방송공사	• 읽기 · 쓰기, 문학, 듣기 · 말하기, 문법, 종합 평가의 영역 으로 구성 • 30강 모두 EBS 무료 강의(EBS 중학) 제공 • '어휘 배우기 - 어휘 더하기 - 문제로 확인하기 - 우리말 속 다양한 어휘' 순으로 제시 • 중학 교과서에 나오는 어휘의 뜻과 용례 정리, 연관 어휘 정리, 다의어, 동음이의어 등의 어휘 정리
숨마 주니어 중학 국어 어휘 (1~3권) 이룸E&B	• 시, 소설, 수필, 희곡, 정보 전달하는 글, 주장하는 글, 쓰 기, 듣기, 말하기 등의 영역을 나눠서 하루 15단어, 25일 동안 공부하도록 구성 • 학년별 필수 어휘 1,145개와 개념어 170개를 익힐 수 있 도록 구성 • '표제어 - 예문 - 필수 어휘 확인 문제 - 내신 대비 개념 어 적용 문제'의 순으로 제시 • 중요한 개념어는 빨간색으로 표기 • 별책부록으로 20회 분량의 '5분 테스트 BOOK' 제공 • 정답 및 해설은 정답 풀이와 오답 거르기로 상세히 설명
빠작 중학 국어 어휘 (1~3권) 동아출판	• 교과서에서 반드시 알아야 하는 필수 어휘와 필수 개념, 한자 성어나 관용구로 구성 • 필수 어휘의 뜻과 유의어, 반의어, 연관 어휘, 수능 기출 예문 등 제시 • 개념 확인, 자기 점검 등의 확인 문제를 통해 학습한 어휘 의 이해 정도 확인 • 6회당 종합문제로 어휘 확인, 총 24회로 구성

어휘를 익히려면 실생활과 밀착되어야

어휘를 익힌다는 것은 어휘의 사전적 의미만을 아는 것이 아닙니다. 어휘의 뜻도 알아야 하지만 그 어휘를 실제 상황에 사용할 수 있어야 제대로 익혔다고 할 수 있습니다. 어휘 교재를 만든 저자도 이 사실을 잘 알기에 어휘 교재를 보면 어휘를 익히는 것에서 끝내지 않고, 다양한 방법으로 활용하도록 구성해 놓았습니다.

꼭 어휘 교재로 공부하지 않더라도 교과서에 나오는 어휘를 실생활에 많이 써서 익숙하게 하는 과정이 필요합니다. 실제 상황에 적용할 수 있어야 어휘력을 문해력으로 연결할 수 있기 때문입니다.

어휘 교재 로드맵

어휘를 익히는 가장 좋은 방법은 교과서와 책을 읽으며 문맥을 통해 어휘의 뜻을 파악하는 것입니다. 글을 읽고, 스스로 뜻을 찾는 과정을 거치는 것이 좋고, 그것이 힘들면 교재의 도움을 받을 수 있습니다. 127쪽에 몇 가지를 제시했습니다.

5. 문법 교재

문법 교재는 교과서에서 배운 내용을 이해하려고 해당하는 부분만 찾아보는 것을 제외하고는 중학교 1, 2학년 아이들에게 그다지 추천하지 않습니다. 중학교 3학년 겨울방학 때 중학교 국어 문법을 전체적으로 정리하고 고등학교 문법을 대비해 보는 것이 더 효율적입니다.

천천히 공부하면 반드시 효과 보는 영역

중학교는 3년 동안 국어 문법을 배웁니다. 교과서에 한 학기마다 한 단원 정도로 나옵니다. 중학교 시기는 내용을 제대로 이해하고 학교 시험 준비를 잘하는 것으로 충분합니다.

도대체 국어 문법을 왜 공부해야 하냐고 질문하는 아이가 많습니다. 문법 단원은 학생들이 굉장히 싫어하고 괴로워하는 단원입니다. 동시에 많은 아이가 공부하고도 막막하게 느끼는 문학이나 비문학 영역과 달리, 공부한 결과가 명확하게 느껴지는 영역 또한 문법입니다. 정확한 규칙이 있어 그 규칙을 알면 수학 공식처럼 답이 척척 나오거든요.

우리말의 규칙을 익히기 위한 국어 문법

물론, 내신을 위해서도 문법은 필요합니다. 하지만 문법을 공부하는 가장 근본적인 이유는 우리가 하는 말의 규칙을 익히기 위해서입니다. 아무도 의식하지 않지만 사람들은 말을 할 때 일정한 규칙을 따릅니다. 아무렇게나 규칙도 없이 자기 마음대로 말하는 사람은 없습니다. 만일 어떤 사람이 한국어를 하지만 순서도 엉망으로 말하고 우리 문법 규칙에 맞지 않게 말하면 대화하기 힘들 겁니다. 아니, 대화 자체가 불가능할 겁니다.

이런 것을 언어의 규칙성이라고 합니다. 예를 들어 "I saw. He was next to my house yesterday."라는 문장이 있다고 합시다. 이 문장의 해석을 "나는 봤어. 그는 있었어 옆에 우리 집 어제."라고 하면 쉽게 이해하지 못할 겁니다. 우리말의 규칙에 맞게 말해야 이해할 수 있지요. 뭐라고 말해야 할지 생각해 보면 금세 제대로 된 문장을 생각할 수 있을 겁니다. 우리 머릿속에는 이미 국어 규칙 체계가 갖춰져 있거든요. 또 "나는 밥을 먹는다."라는 문장이 있습니다. 이것을 "나을 밥이 먹는다."라고 바꾸면 뭔가 이상하다고 느껴지지요? 이것은 국어의 규칙에 맞지 않게 쓰인 말이기 때문입니다. 이렇게 우리가 서로 언어를 주고받으려면 의식하든 하지 않든 서로 약속한 규칙이 있습니다.

문법은 이런 우리의 언어생활의 규칙을 찾아 체계화한 것입니다. 문법을 알면 글을 쓰거나 읽을 때 이해가 훨씬 빠릅니다. 규칙의 흐름에 따르니까요. 국어 문법을 익혀 놓으면 문해력 훈련을 하는 데에 큰 도움이 됩니다.

문법 교재 로드맵

고등학교에 입학하기 전에 중학교 문법을 정리하는 것을 추천합니다. 고등학교는 중학교 문법을 알고 있다는 전제하에서 수업이 진행됩니다. 중학교 문법이 정리되어 있다면 수업을 이해하기 훨씬 수월하겠지요.

숨마 주니어 중학 국어 문법 연습 (1~2권) 이룸E&B	• 필수 문법 핵심 개념 1권 57개, 2권 16개 수록 • 개념 학습 후 확인 문제, 다양한 유형의 실전 문제 • 10분 Review 테스트
빠작 중학 국어 문법 동아출판	• 25개 문법 개념 수록 • 개념이 끝날 때마다 실력 향상 문제 수록 • 단원별 종합 문제 수록
한 권으로 끝내기 중등 국어 문법 비상교육	• 필수 문법 개념 수록 • 확인 문제 수록 • 얇아서 부담이 적음 • 중학 문법을 간단하게 확인하기 수월함 • 문법 기본 개념이 없으면 어려울 수 있음

문법 교재 역시 다양합니다. 여러 권으로 구성된 것도 있고, 한 권으로 구성되어 두꺼운 것도 있고, 얇은 것도 있습니다. 문법을 꼼꼼하게 공부하고자 한다면 설명이 자세하고, 여러 권으로 구성되어 있거나 두꺼운 교재가 좋습니다. 중학교 3학년 겨울방학 때, 중학교 전체 문법을 마무리하려 한다면 오히려 얇은 교재를 추천합니다. 다른 과목을 공부하기도 바쁜 때라 두꺼운 문법 교재를 공부하기에는 시간이 촉박하기 때문입니다.

위에 표로 몇 가지 교재를 제시했습니다. 제가 제시한 것보다 더 많은 문법 교재가 있으니 아이가 직접 보고 마음에 드는 것으로 골라 공부하도록 합니다.

국어 문해력을 위한 기초,
꾸준히 읽기

모든 사람에게 통하는 절대적인 읽기 방법은 없습니다. 제가 제시하는 읽기 방법도 누군가에게는 잘 맞겠지만 다른 누군가에게는 맞지 않을 수도 있습니다. 저 역시 독서 전문가가 제안하는 독서 방법 중 동의하는 부분도 있고, 그렇지 않은 부분도 있습니다. 그러나 분명한 것은 꾸준히 읽으며 국어 문해력을 키워 놓아야 나중에 후회하지 않는다는 겁니다.

문해력을 키우기 위한 기초 작업은 읽기입니다. 기초가 부실하면 부실 공사가 될 수밖에 없지요. 문해력이 없으면 스토리텔링 수학 문제도 이해하기 힘들고, 사회나 과학 같은 과목도 이해하기 힘듭니다. 그것이 지속되면 학습 결손으로 이어집니다.

국어를 잘한다는 건 국어 한 과목만 잘한다는 의미가 아닙니다. 국어 외의 다른 과목을 잘하기 위해서도 국어 문해력이 우선입니다.

국어 시간 읽기 활동으로 충분히 문해력을 키울 수 있다

문해력을 갖춘 아이들은 글을 읽으며 그것을 잘 이해하고 정리합니다. 초중고 학교에 다니는 동안 국어 수업 시간에는 수많은 읽기 자료가 나옵니다. 설명하는 글이나 주장하는 글 같은 비문학 지문일 때도 있고, 시나 소설 같은 문학 지문일 때도 있습니다. 국어 교과서에는 다양한 글이 포함되어 있습니다. 수업 시간에 교과서로 읽기 활동을 성실히 수행한다면 국어 문해력을 충분히 키울 수 있습니다.

그런데 이 국어 문해력을 키우기 위해 주체적으로 읽기 과정을 진행해야 하는 사람이 누구인지 생각해 본 적 있나요?

선생님이 주체가 되어서 아이들에게 국어 문해력을 키우는 방법을 가르쳐야 할까요, 아니면 아이들이 주체가 되어서 문해력을 키워야 할까요? 이미 질문에서 정답을 짐작할 수 있을 겁니다. 문해력은 자신이 주체가 되어야 키울 수 있습니다.

중학교 국어 교과서에서 읽기 활동을 어떻게 익히는지 국어 교과서 속 소설을 살펴보겠습니다. 문학 지문은 읽기 전략 중 하나

읽기 전-중-후 활동

읽기 전	본격적인 읽기를 수행하기 위한 준비 단계 활동 • 제목 읽고 어떤 내용인지 예측하기 • 제목이나 표지를 보고 관련된 배경지식 활성화하기 • 삽화를 보고 내용을 유추하기
읽기 중	읽으면서 수행하는 활동 • 읽기 전 예측하고 유추했던 내용 확인하고 검증하기 • 문맥을 통해 모르는 어휘의 의미 추측하기 • 이어질 내용 예측하기 • 글쓴이의 의도 및 문장의 의미 파악하기
읽기 후	읽기가 끝난 후 읽은 내용을 바탕으로 이루어지는 활동 • 내용 요약하기 • 읽은 내용을 바탕으로 말하기, 글쓰기, 그림 그리기 등의 활동하기

인 '읽기 전-중-후 활동' 전략을 활용합니다. 읽기 전 활동은 제목을 읽고 생각을 이야기하거나 관련 제재를 통해 배경지식을 활성화하는 것입니다. 읽기 중 활동은 '날개'로 제시하는데, 날개는 지문을 읽는 중에 알아야 할 것이나 글의 흐름을 이해하는 데 필요한 내용들을 지문 양쪽에 작은 글씨로 날개처럼 써서 질문으로 만들어 놓은 겁니다. 교과서의 지문을 읽으면서 날개의 질문에 대한 답을 찾으면 지문의 내용을 제대로 이해할 수 있습니다. 읽기 후 활동은 작품이 제시되고 나면 다음 페이지에 소설에 관해 정리하고 이를 내면화할 수 있는 여러 활동을 제시합니다.

읽기 전 활동과 읽기 후 활동은 글로 쓰거나 발표하는 등의 표현 과정이 있어서 제대로 하고 있는지 확인할 수 있습니다. 하지만 읽기 중 활동은 머리 안에서 일어나는 과정이라 확인이 쉽지 않습니다. 물론 날개 부분의 답을 쓰는 것을 보면 읽기 중 활동을 어느 정도 이해했는지 짐작할 수 있습니다.

하지만 아이들을 살펴봐도 본문을 읽는 동안 날개 부분의 답을 찾는 아이는 많지 않습니다. 본문을 휘리릭 대충 읽고 다 읽었다고 멍하게 앉아 있는 아이도 있고, 읽는 동안 집중하지 않고 장난을 치는 아이도 많습니다. 많은 아이가 날개 문제는 제가 답을 불러주기만을 기다렸다가, 제가 예시 답을 이야기하면 그것을 그대로 받아적습니다. 아이들은 주체적으로 문학 작품을 이해하기보다 선생님의 필기를 암기하기에 급급합니다. 이렇게 공부해서는 문학 작품을 아무리 많이 읽어도 문해력을 키우기 어렵습니다.

수업 시간에 문해력은 이렇게 키우는 것이라고 선생님이 아이들에게 구체적인 방법을 알려 줄 수는 있으나 거기까지입니다. 수업 시간에 읽기 중 활동을 할 때 스스로 주체적으로 문학 지문을 읽고 이해하려는 노력이 필요합니다. 문해력은 아이의 머릿속에서 키워집니다. 아무리 문해력을 키우는 방법을 잘 가르친다 해도 그것을 익히고자 하는 아이의 의지가 없으면 문해력을 키울 수 없습니다. 스스로 해야 합니다. 수업 시간에 선생님이 아닌 아이가 주도해서 교과서를 읽고 요약하고 정리해야 합니다. 국어 시간마다 제시된 읽기 자료를 읽고 이해하려 애쓰는 과정에서 문해력이 키워집니다. 아이가 국어 교과서를 제대로 잘 읽어낸다면 문해력을 크게 걱정하지 않아도 됩니다.

교과서를 이해할 때까지 반복해서 읽어야 읽기가 익숙해진다

읽기를 잘하려면 읽기가 익숙하고 자연스러워야겠지요. 이것은 한 번에 익힐 수 있는 능력은 아닙니다. 아이마다 조금씩 다르겠지만 꽤 오랜 시간이 필요합니다. 국어 교과서를 통해 문해력을 키울 수 있지만, 교과서에 있는 지문을 한 번 읽었다고 해서 문해력이 '짠' 하고 생기지는 않습니다.

교과서 지문을 읽을 때는 그 내용을 완전히 이해할 때까지 반복해서 읽어서 읽기에 익숙해져야 합니다. 교과서를 반복해서 읽어 교과서 내용 중 어렵거나 모르는 내용이 없다면 '읽기 전-중-후 활동' 전략에 따라 교과서 지문을 읽도록 합니다. 이미 내용을 다 알기 때문에 지문의 내용을 이해하기 위해 노력할 필요는 없습니다. 읽기 전-중-후 활동을 잘 사용할 수 있는지 읽기 전략을 연습하는 겁니다.

국어 교과서는 아이들의 나이와 지식 수준을 고려해서 각 분야 전문가들이 정교하게 만든 교재입니다. 제 학년의 국어 교과서를 능숙하게 잘 읽고 읽기 전-중-후 활동이 가능하다면 자기 나이에 맞는 문해력을 갖췄다고 볼 수 있습니다. 국어 교과서를 통해 읽기 전-중-후 활동을 익혔다면 국어 교과서 외의 글도 빠르게 이해할 수 있습니다. 읽기 중 활동을 통해 핵심어를 찾고 중심 내용도 요약할 수 있습니다.

문해력을 키우는 시간은 오래 걸린다

읽기 활동은 문해력을 키우기 위한 핵심적인 활동입니다. 그런데 앞서 이야기한 것처럼 읽기 활동은 단번에 완성되지 않습니다. 단계에 따라 차근차근 천천히 이루어집니다. 이 과정은 생각보다 시간이 오래 걸려 다소 지루하게 느껴질 수 있습니다. 그러나 꼭 필요한 시간입니다.

뜸을 제대로 들이지 않은 설익은 밥은 먹을 수는 있지만 맛있지 않은 것처럼, 맛있는 문해력 키우기 위해서는 충분히 읽기 활동의 뜸을 들여야 합니다. 시간이 오래 걸리더라도 반드시 거쳐야 하는 과정입니다. 이 시간이 부족하면 문해력이 부족할 수 있고, 설사 문해력을 키웠다 하더라도 문해력 구멍이 있을 수 있습니다.

문해력을 위한 스스로 생각하며 읽기

저는 아이들이 읽기 중 활동을 좀더 적극적으로 할 수 있는 방법이 없을까 고민하다가 교과서 지문 양쪽에 있는 날개 부분을 모두 학습지로 만들었습니다. 읽기 활동을 교사인 저보다 아이들이 주도하도록 하기 위함이었죠.

아이들에게 직접 교과서를 열심히 읽고 학습지의 답을 스스로 찾으라고 했습니다. 교사인 제가 소설을 읽으면서 날개 부분의 문제를 설명하기보다 자기 혼자 먼저 문제에 대한 답을 찾게 한 거죠. 읽기의 주체가 아이 자신이 되도록 한 거죠. 그렇게 해야 답을 찾기 위해 생각하면서 읽을 수 있거든요. 모둠으로 만든 이유는 문해력이 부족한 아이는 문해력이 뛰어난 아이들을 관찰해서 문해력을 키우는 방법을 익히고, 문해력이 뛰어난 아이는 자신이 아는 것을 설명하면서 자신이 무엇을 알고, 무엇을 모르는지를 아는 메타인지를 기르기 위해서였습니다. 학습지는 아이들의 읽기 활동을 돕는 것으로, 답이 정해진 것은 아니었습니다.

미션이 주어지자 아이들은 교과서를 뒤적이면서 문제의 답을 찾느라 분주했습니다. 저는 긴장감을 가지고 활동할 수 있도록 '10분 남았다', '5분 남았다' 하며 시간 압박을 가했습니다. 잘 할 수 있을지 걱정했는데 대부분 시간 안에 학습지를 채웠습니다. 아이들에게 질문지에 있는 내용을 질문했더니 다행히 교과서 지문의 내용을 잘 이해했더라고요.

이렇게 훌륭하게 스스로 읽기 활동을 할 수 있는데도 제가 읽기 활동을 주도했다면 아이들은 스스로 읽거나 답을 찾지 않았을 겁니다. 수동적으로 교과서를 넘기며 선생님이 알려 준 답을 그대로 썼을 테지요. 국어 수업 시간에 그렇게 공부한다면 문해력을 키우기는커녕 오히려 퇴보할 수도 있습니다.

질문이 가득한 학습지를 주고 답을 찾도록 했더니 아이들은 스스로 읽고 내용을 정리해가며 지문을 몇 번씩 읽었습니다. 한 번에 답을 찾기도 했지만, 그렇지 못한 질문은 읽었던 부분을 반복해서 읽으며 답을 찾았습니다. 교과서에 해당 부분을 찾았다 해도 제대로 찾은 것이 맞는지 판단하고, 질문에 맞는 답의 형태로 변형해서 답을 써야 합니다. 스스로 생각하며 읽지 않는다면 질문의 답을 채우기 힘들지요. 이렇게 국어 교과서의 지문을 곱씹으며 읽고 질문해야 문해력을 키울 수 있습니다. 이것이 문해력을 키우는 유일한 방법입니다. 문해력을 키우는 방법은 단순하지만 정직합니다.

국어 문해력으로 다른 과목의 문해력까지

국어 수업 시간에 읽기 활동을 통해 키운 국어 문해력으로 다른 과목까지 읽고 이해할 수 있습니다. 국어 교과서에 실린 지문은 엄선된 문학, 비문학 글입니다. 교과서를 읽는 것만으로 다양한 글을 접할 수 있고 여러 활동을 통해 문해력도 키울 수 있습니다. 문해력을 키우기 위한 최고의 훈련 도구는 바로 국어 교과서입니다.

국어 교과서를 제대로 읽을 수 있다면 다른 과목 교과서도 잘 읽을 수 있습니다. 다른 과목 교과서가 바로 비문학 교재거든요.

사회, 과학, 역사, 도덕 등 교과서 속의 많은 글들은 비문학 글입니다.

교무실에서 동료 선생님들과 수업 관련 이야기를 나눌 때가 있습니다. 그때마다 '부모님이 애써 읽히려는 각종 비문학의 내용이 이미 다른 과목의 교과서와 수업 시간에 다 있구나' 하는 생각이 듭니다. 각 과목 선생님들이 사용하는 어휘, 말 안에 이미 그 과목의 배경지식이 깔려 있거든요. 같은 대상을 보고 이야기를 할 때도 영어, 과학, 국어, 수학, 기술·가정, 사회 선생님의 시각이나 사용하는 어휘가 확연히 차이가 나는 게 느껴집니다. 아마 제가 국어 교사이기 때문에 언어적 차이를 관찰한 거겠지요.

아이가 비문학 책을 읽지 않으려고 한다면 억지로 비문학 책을 읽히려고 너무 고민하지 마세요. 교과서만 읽어도 비문학 읽기가 가능합니다. 국어 교과서로 다양한 종류의 비문학 글을 읽고 다른 과목 교과서를 읽으며 문해력을 다져주세요.

국어 문해력 높이는
5가지 습관

국어 문해력을 높이기 위해 필수적인 5가지 습관이 있습니다. 어려서부터 5가지 습관을 갖추었다면 좋겠지만 중학생이 되어서 습관을 갖추어도 전혀 늦지 않습니다.

1. 꾸준한 독서

국어 문해력을 높이기 위해 첫 번째로 해야 할 일은 꾸준한 독서입니다. 책을 읽는 건 단순히 단어를 읽는 것만을 의미하는 것

중등 문해력의 비밀

이 아닙니다.

예쁜 여러 개의 털실을 갖고 있다고 가정해 볼까요? 그것을 가지고만 있으면 아무것도 만들 수 없습니다. 구슬이 서 말이라도 꿰어야 보배라고 털실을 아무리 많이 갖고 있다고 해도 그것을 뜨개질하지 않으면 여전히 털실일 뿐, 아무 쓸모가 없죠. 그 털실을 이용해 무언가를 만들어야지요.

무언가를 뜨고 싶다는 마음만으로 뜨개질할 수는 없습니다. 무엇을 만들지 결정해야 합니다. 그다음 단계로 장갑을 만들고 싶다면 장갑을, 목도리를 만들고 싶다면 목도리를 보면서 어떤 디자인으로 뜰지 생각해야 합니다. 하나만 봐서는 내가 원하는 모습이 어떤 건지 정확히 알 수 없습니다. 여러 장갑이나 목도리를 보면서 어떻게 뜰 것인가 생각해야 합니다.

장갑이나 목도리를 잘 살펴보면 모든 것이 똑같은 방식으로 짜인 게 아니란 걸 알게 됩니다. 어떤 건 겉뜨기로, 어떤 건 메리야스뜨기로, 또 어떤 건 가터뜨기로 뜬 것도 있습니다. 여러 가지 뜨기가 섞여 있는 것도 있을 거고요.

그것들을 보면서 어떤 뜨개질 모양이 내 마음에 드는지 찾고, 무엇을 뜰 건지 생각해야 합니다. 그것을 뜨려면 어떻게 떠야 하는지도 알아봐야겠죠. 처음부터 뜨개질을 잘할 수는 없습니다. 몇 번을 떴다 풀었다 반복하면서 조금씩 나아지겠지요.

어휘가 서 말이라도 꿰어야 문해력

문해력도 마찬가지입니다. 어휘를 아무리 많이 알아도 그것을 연결해서 읽지 못하면 소용이 없습니다. 뜨개질하려면 뜨고 싶은 대상을 찾고 그것을 관찰해서 어떻게 뜨는지 생각하는 것처럼, 문해력을 키우기 위해서는 어휘가 잘 짜인 책을 꾸준히 읽으면서 그 어휘들이 글 속에 어떻게 짜여 있는지 관찰해야 합니다. 글도 뜨개질과 마찬가지로 수많은 어휘를 하나하나 촘촘하게 떠서 만드는 거니까요.

그렇다고 책 속의 내용을 하나하나 분석하면서 읽을 필요는 없습니다. 꾸준히 독서하다 보면 자신도 모르는 사이에 문해력이 자라니까요. 실을 수없이 떴다 풀었다 하는 것처럼 수많은 책을 꾸준히 읽어야겠지요.

중학생의 문해력과 독서

초등학생은 무슨 책을 읽는지보다 독서 행위 자체가 중요합니다. 초등학생 때의 독서 목적은 읽기를 친숙하게 만들기 위함이 크거든요. 시간을 정해서 그 시간에는 반드시 독서하게 하는 것이 좋습니다.

그러나 중학생은 그렇게 하면 안 됩니다. 중학생은 초등학생보다 독서할 수 있는 시간이 턱없이 부족합니다. 긍정적이든 부정적이든 아이의 독서에 대한 태도도 굳어져 책을 꾸준히 읽던 아이는 책을 읽지만, 책을 싫어하고 읽지 않던 아이는 책을 읽으려 하지 않습니다. 책을 좋아하던 아이들도 중학생이 되면 독서량이 확연히 줄어듭니다. 그렇지만 중학생도 꾸준히 독서해야 합니다.

중학생은 1주에 1권을 최소량으로 정해서 독서를 해야 합니다. 만일 초등학생 때 독서가 습관으로 자리 잡지 않았다면 중학생 때라도 습관을 들여야 합니다. 중학생 때가 문해력을 키울 수 있는 마지막 기회이기 때문입니다.

중학생도 꾸준하게 독서해야

초등학생 때는 책의 종류와 상관없이 다양한 책을 읽었다면 중학생은 책을 읽을 때도 전략이 필요합니다. 우선 다양한 영역의 책을 읽어야 합니다.

누구나 자신이 좋아하는 영역이 있습니다. 좋아하는 영역을 끝까지 파고들면 세상에 대한 통찰력이 생깁니다. 이 통찰력은 문해력과 이어집니다. 그러나 중학생 아이들은 좋아하는 영역을 끝까지 파기 힘듭니다. 그렇게 한다고 해도 아직은 제대로 된 통찰력을 키우지 못합니다.

그보다 다양한 영역의 책을 읽으며 다양한 관심을 가지고 자신에게 맞는 방향을 탐색하는 것이 더 필요합니다. 이것이 중학생의 문해력을 키우는 첫 번째 방법입니다.

다음의 사진을 보면 책등의 청구기호를 볼 수 있습니다. 도서관

책등 청구기호의 예

에 가면 책등을 살펴보세요. 책등에는 0번부터 9번까지 번호가 붙어 있습니다. (도서관마다 차이가 있어 000번에서 900번의 번호가 있을 수도 있습니다.) 다양한 분야의 책을 골고루 읽을 수 있도록 도서관 책등의 청구기호를 섞어 1년의 계획을 세워 읽히세요.

한 번에 많은 책을 주고 모두 다 읽으라고 하면 아이가 질려서 읽지 않을 수 있습니다. 일주일에 한 권을 목표로 삼고 이번 주에는 책 등 번호 0번, 다음 주에는 책 등 번호 1번……, 이런 식으로 책을 골고루 섞어서 읽을 수 있게 합니다.

중학생의 독서에서 가장 중요한 것은 꾸준함입니다. 기분이 내킬 때는 읽고 기분이 내키지 않을 때는 읽지 않는다면 그것은 책을 안 읽은 것만 못합니다. 아이가 흥미가 있는 분야의 책을 꾸준히 읽을 수 있도록 하되 사이사이에 다양한 영역의 책을 골고루 끼워주세요.

명심하세요. 국어 문해력을 키우기 위한 다양한 습관 중에서 가장 우선되어야 할 것이 바로 꾸준한 독서입니다.

2. 한자 익히기

두 번째는 '한자 익히기'입니다. 한자의 중요성을 알지만, 중학생에게 한자까지 하라니 시간이 없지요? 너무 걱정하지 마세요. 한자를 익혀야 한다는 것이 한자를 쓸 수 있고 뜻과 음을 외워야 한다는 뜻은 아니니까요.

우리말의 대부분을 차지하는 한자어

우리말의 70%이상이 한자로 되어 있습니다. 한자를 모르면 우리말을 제대로 알 수 없다는 뜻이죠.

과거 우리말이 형성될 때를 살펴볼까요? 우리말이 처음 만들어졌을 때는 원래 우리나라에서 사용했던 고유어와 중국에서 넘어온 한자어가 있었습니다. 지배 계층에선 자신들의 권위를 드러내기 위해 어려운 한자어를 사용했습니다. 똑같은 말이라도 고유어보다 한자어를 대상을 높이는 표현이나 고급 어휘로 사용하고, 고유어는 대상을 낮추는 표현이나 수준이 낮은 어휘로 사용한 거죠. 많은 사람이 수준 높게 보이고 싶은 욕망으로 고유어보다 한자어를 더 많이 사용했습니다.

새로운 외국 문화도 지식 계층들에 의해 우리나라에 들어왔습니다. 당시 지식 계층은 자신의 지식과 권위를 보여주고 싶어 외국어를 한자어로 번역했답니다. 그러다 보니 새로운 단어도 한자어로 만들어졌지요. 이런 과정을 거쳐 한자어가 고유어보다 더 많이 사용되고 한자어가 우리말의 대부분을 차지하게 되었습니다. 그 결과, 오늘날 우리말에서 한자는 아주 중요한 존재가 되어버렸습니다.

한자가 어려운 아이들

그런데 우리 아이들의 현실은 어떤가요? 많은 아이가 어렵다는 이유로 한자를 공부하려 하지 않습니다. 아래 표는 2023학년도

2023학년도 대학수학능력시험 제2외국어/한문 응시자 현황

과목명	인원(명)	과목명	인원(명)
독일어 I	1,496	러시아어 I	479
프랑스어 I	2,170	아랍어 I	5,424
스페인어 I	2,791	베트남어 I	420
중국어 I	7,132	한문 I	9,871
일본어 I	10,358	–	–

중등 문해력의 비밀

대학수학능력시험 응시자 현황입니다. 일본어 다음으로 많은 학생이 선택한 것이 한문입니다. 가장 많이 선택한 일본어, 한문, 중국어로 셋 다 한자가 기반입니다. 이런 영향으로 한문을 선택한 중학교가 많은 편입니다.

저도 한문을 선택한 학교에 근무하는데, 대부분의 중학생이 한문을 매우 싫어합니다. 국어 교사라 한문 선생님이 없을 때, 대신 한문을 가르친 적이 있는데 수업할 때마다 하기 싫어하는 아이들을 달래고 어르느라 참 난감했습니다.

어른들은 한자의 중요성을 알고 있습니다. 그래서 아이에게 한자를 공부시키려 하지요. 아마 대부분 부모님은 아이가 어렸을 때 한자를 익히게 하려고 교재나 학습지를 시켰을 겁니다. 아이가 얼마나 잘하고 있는지 급수 시험을 통해 그 결과를 확인했을 거고요. 몇 년 동안은 한자 공부를 시켰을 겁니다.

그런데 이 방법이 한자를 제대로 익히게 했는지는 별개의 문제입니다. 수업 시간에 한자 이야기가 나와서 아이들에게 어렸을 때 한자 공부를 얼마나 했는지 물어본 적이 있습니다. 한문 수업을 했을 때, 많은 아이가 한자를 잘 몰라서 한자 공부를 하지 않았을 거로 생각했습니다. 그런데 아이들의 답은 저를 놀라게 했습니다. 많은 아이가 한자를 공부했고, 그중 몇 명은 초등학교 때 굉장히 높은 급수까지 땄더라고요. 하지만 중학교 때까지 그 한자들을 기억하는 아이는 거의 없었습니다.

국어 문해력을 위한 한자 공부 방법

한자 공부를 이렇게 해서는 안 됩니다. 국어 문해력을 키우기 위한 한자 공부는 달라야 합니다. 한자는 우리 일상생활과 밀접한 연관이 있습니다. 일상생활에서 사용하는 수많은 말을 통해 한자를 익히게 해야 합니다.

한자를 쓰지 못해도 됩니다. '우리가 사용하는 단어가 한자로 구성되어 있구나.', '그 한자들이 어떤 뜻을 가지고 있구나.', '그 한자가 다른 어휘에서 또 어떻게 활용되고 있구나.' 하고 파악하는 정도면 충분합니다. 문해력을 키우기 위해 한자를 공부하면서 굳이 한자의 획수나 부수, 한자 쓰기 순서까지 외울 필요는 없는 거죠. '이 한자는 대략 이렇게 생겼고 이런 뜻으로 쓰이는구나.', '이 한자가 쓰이는 다른 단어는 이런 것이 있구나.' 정도면 충분합니다.

물론 한문 수업이 있다면, 시험을 잘 보기 위해 한자를 익히는 과정이 필요합니다. 하지만 문해력을 키우기 위해서는 한자를 그렇게 꼼꼼하게 알지 않아도 괜찮습니다.

꾸준히 독서한 아이들의 한자 실력

신기하게 꾸준히 독서한 아이들은 오랫동안 문맥을 통해 단어의 뜻을 파악해서 한자의 뜻과 그 한자가 쓰이는 다른 단어들을 잘 알고 있습니다. 어떻게 아냐고 물어보면 자신도 어떻게 알게 되었는지는 설명하지 못합니다. 그저 '홍시 맛이 나서 홍시라고 했을

뿐'이니까요. 그러나 독서를 꾸준히 하지 않은 아이들은 이 아이들처럼 문맥을 파악하기가 쉽지 않습니다. 독서로 한자의 뜻을 유추하지 못한다면 한자를 익혀서라도 단어의 뜻을 파악해야 합니다.

한자를 공부하면 단어를 유추하는 능력이 키워집니다. 여기서 쓰였던 이 한자가 저기에 쓰이고 있다면 그것이 여기서 쓰였던 이것과 비슷한 의미를 갖고 있다고 짐작할 수 있기 때문입니다.

초등학생은 독서를 통해 천천히 단어의 뜻을 익히라고 하겠지만 중학생이면 조금 마음이 급합니다. 하루라도 일찍 한자 공부를 시작해야 합니다.

중학생 한자 공부 목표

중학교 졸업할 때까지 1,000자 내외를 목표로 잡으세요. 무엇을 해야 할지 모르겠다면 한국어문회나 대한검정회에서 주관하는 한자 급수 시험의 한자를 기준으로 하면 됩니다. 1,000자라면 한국어문회 4급 정도, 대한검정회 3급 정도 됩니다.

한자 급수 시험을 준비하는 것도 좋습니다. 급수를 따지 못해도 좋습니다. 목표를 향해 공부하는 과정이 더 중요합니다. 목표가 있어야 적극적으로 공부할 수 있거든요. 이렇게 한자 급수를 따기 위해 노력한 과정은 절대 사라지지 않습니다.

중학교 3학년인 건우는 초등학교 5학년 때 한자 급수 시험에

한국어문회 급수 배정표

급수	읽기	쓰기	수준 및 특성
특급	5,978	3,500	국한혼용 고전을 불편 없이 읽고, 연구할 수 있는 수준 고급 (한중 고전 추출 한자 도합 5,978자, 쓰기 3,500자)
특급II	4,918	2,355	국한혼용 고전을 불편 없이 읽고, 연구할 수 있는 수준 중급 (KSX1001 한자 4,888자 포함, 전체 4,918자, 쓰기 2,355자)
1급	3,500	2,005	국한혼용 고전을 불편 없이 읽고, 연구할 수 있는 수준 초급 (상용한자+준상용한자 도합 3,500자, 쓰기 2,005자)
2급	2,355	1,817	상용한자를 활용하는 것은 물론 인명지명용 기초한자 활용 단계 (상용한자+인명지명용 한자 도합 2,355자, 쓰기 1,817자)
3급	1,817	1,000	고급 상용한자 활용의 중급 단계 (상용한자 1,817자 - 교육부 1,800자 모두 포함, 쓰기 1,000자)
3급II	1,500	750	고급 상용한자 활용의 초급 단계(상용한자 1,500자, 쓰기 750자)
4급	1,000	500	중급 상용한자 활용의 고급 단계(상용한자 1,000자, 쓰기 500자)
4급II	750	400	중급 상용한자 활용의 중급 단계(상용한자 750자, 쓰기 400자)
5급	500	300	중급 상용한자 활용의 초급 단계(상용한자 500자, 쓰기 300자)
5급II	400	225	중급 상용한자 활용의 초급 단계(상용한자 400자, 쓰기 225자)
6급	300	150	기초 상용한자 활용의 고급 단계(상용한자 300자, 쓰기 150자)
6급II	225	50	기초 상용한자 활용의 중급 단계(상용한자 225자, 쓰기 50자)
7급	150	–	기초 상용한자 활용의 초급 단계(상용한자 150자)
7급II	100	–	기초 상용한자 활용의 초급 단계(상용한자 100자)
8급	50	–	한자 학습 동기 부여를 위한 급수(상용한자 50자)

상위 급수 한자는 하위 급수 한자를 모두 포함함
출처 : 한국어문회

중등 문해력의 비밀

대한검정회 급수 배정표

등급	검정 과목	문항수	출제 형식
대사범	대학·논어·맹자·중용 고문진보·사략 고급 한문 II (선정 단원)기타	10개 지문 100문항	국역 및 논술
사범	한문 지식(한자 5,000) 고급 한문(선정 단원)	150	객관식(50), 주관식(100)
1급	한문 지식(한자 3,500) 중급 한문 II (선정 단원)	150	객관식(50), 주관식(100)
준1급	한문 지식(한자 2,500) 중급 한문 I (선정 단원)	150	객관식(50), 주관식(100)
2급	한문 지식(한자 2,000) 초급 한문 II (선정 단원)	100	객관식(50), 주관식(50)
준2급	한문 지식(한자 1,500) 초급한문 I (선정 단원)	100	객관식(50), 주관식(50)
3급	한문 지식(한자 1,000)	100	객관식(50), 주관식(50)
준3급	한문 지식(한자 800)	50	객관식(50)
4급	한문 지식(한자 600)	50	객관식(50)
준4급	한문 지식(한자 400)	50	객관식(50)
5급	한문 지식(한자 250)	50	객관식(50)
준5급	한문 지식(한자 100)	50	객관식(50)
6급	한문 지식(한자 70)	50	객관식(50)
7급	한문 지식(한자 50)	25	객관식(25)
8급	한문 지식(한자 30)	25	객관식(25)

상위 급수 한자는 하위 급수 한자를 모두 포함함
출처 : 대한검정회

서 3급까지 땄다고 합니다. 그 이후로는 한자 공부를 하지 않아 한자가 하나도 기억나지 않는다고 했습니다. 수업 중 한자어가 많이 나왔을 때, 한자를 쓰지는 못했지만 많은 한자어의 의미를 유추해 냈습니다. 어려운 한자도 많았는데 건우가 의미를 유추하는 것을 보고 아이들은 건우의 실력에 감탄했습니다. 그런데 신기한 건 건우도 자신의 한자어 실력에 놀란 겁니다. 한자 공부를 그만둔 지 몇 년이나 지났고, 그 사이 한자 공부를 따로 하지는 않았다고 했습니다. 그런데도 한자를 기억하는 것이 신기했나 봅니다. 건우 자신도 어떻게 뜻이 생각나는지 모르겠다고 하며 아마 초등학교 때 한자 급수를 따느라 공부했던 것들이 정확하게 기억나지는 않지만 자기 머릿속 어딘가에 있는 것 같다고 했습니다.

이렇게 한자를 익히기 위해 노력하면 완벽하지는 않더라도 문해력을 키울 수 있는 정도의 한자 실력은 쌓을 수 있습니다. 아직 늦지 않았습니다. 중학생의 국어 문해력을 위해 한자를 익히게 해주세요.

3. 모르는 단어는 반드시 찾아보기

모르는 단어가 한 페이지에 다섯 개는 넘지 않아야 앞뒤 문맥을 통해 뜻을 유추할 수 있습니다. 모르는 단어가 그보다 많으면 책을 제대로 이해하기 어렵습니다. 아이의 수준에 맞는 책을 선정할 때도 한 페이지에 아이가 모르는 단어가 얼마나 되는가를 기준으로 삼으면 됩니다.

모르는 단어가 나오면 어떻게 해야 할까?

그럼 책이나 글 한 페이지에 모르는 단어가 네다섯 개 이상이면 어떻게 해야 할까요? 저는 아이가 초등학생이라면 반드시 국어사전을 찾으라고 합니다. 초등학생은 눈에 보이는 단어를 직접 읽고, 예문을 통해 이해하는 과정이 필수입니다. 그래야 그것을 제대로 인지할 수 있습니다. 초등학교 시기는 경험에 기초해서 사고하기 때문에 직접 국어사전으로 단어를 찾는 경험이 필요합니다.

초등학교 3, 4학년 국어 교과서에는 국어사전을 직접 찾는 방법이 나옵니다. 실제 눈에 보이는 대상으로 그 개념을 익히게 하기 위해서죠. 처음 사전을 접할 때는 반드시 종이로 된 국어사전을 찾아야 합니다. 아직 추상적인 사고는 원활하지 않은 시기라 손으로 실제 인쇄된 단어를 찾아 눈으로 뜻을 익혀야 구체적으로 단어의 뜻을 파악할 수 있습니다. 초등학교 때 이 과정이 성실하게 잘 이루어지면 문해력을 위한 다음 단계로 나아갈 수 있습니다.

그러나 중학생이라면 종이로 된 국어사전을 반드시 활용할 필요는 없습니다. 중학생은 반드시 그 개념을 눈으로 직접 확인하지 않아도 됩니다. 추상적 사고나 연역적 추론, 조합적 사고가 가능한 시기이기 때문입니다. 단어의 뜻을 일일이 찾는 것보다 문맥을 통해 단어의 뜻을 유추하는 것이 더 효율적입니다. 모르는 단어가 나왔을 때 사전을 바로 찾는 것보다 앞뒤 문장을 여러 번 읽으며 의미를 유추해야 합니다. 그래도 단어의 뜻을 모르면 그대로 넘기지 말고 사전을 찾아 그 뜻을 알고 넘어가야 합니다.

이때 사용하는 국어사전은 초등학교 때처럼 종이로 된 국어사전이 아니라도 좋습니다. 요즘 국어사전 앱, 네이버 국어사전 등 사용하기 편리한 디지털 국어사전이 많습니다. 그런 사전을 활용하면 됩니다. 이런 것을 활용하면 종이사전보다 수월하게 단어를 찾을 수 있습니다. 굳이 번거롭게 종이사전을 들고 다닐 필요도 없고요. 이렇게 단어의 뜻을 익혀 놓으면 나중에 그 단어가 또 나와도 쉽게 이해합니다.

물론 국어사전에서 단어의 뜻을 찾았다고 해서 한 번 만에 그 뜻을 다 기억하지는 못합니다. 하지만 여러 번 하다 보면 언젠가 그 단어의 뜻을 익힐 수 있습니다. 그때까지 여러 번 단어의 뜻을 찾아서 보면 됩니다. 몇 번 반복해서 단어를 찾다 보면 나중에는 자연스럽게 읽고 이해할 겁니다.

많은 아이가 우리말 단어의 뜻을 잘 모릅니다. 중학생이라면 충분히 알아야 하는 단어조차 모르는 경우가 많습니다. 문제는 그 단어를 모르면 알려고 애를 써야 하는데 전혀 그러지 않는다는 겁니다. 글을 여러 번 읽고 문맥을 통해 단어의 뜻을 유추하려고 애를 쓰거나 국어사전 등을 찾아서 뜻을 알려고 하는 모습이 전혀 보이지 않습니다. 모르는 것은 선생님이 설명해준다는 것을 알기 때문에 굳이 찾아보지 않는 거죠. 많은 아이가 국어 선생님을 국어사전으로 생각하는 것 같습니다.

저는 가끔 '초등 필수 영단어'나 '중학 필수 영단어'처럼 국어도 '초등 필수 국어단어', '중학 필수 국어단어'가 나왔으면 좋겠다고 생각하곤 합니다. 그 단어만이라도 영어 단어처럼 암기하고 아이들이 제대로 알았는지 써보게 하는 거지요. 그렇게 하면 그 단어들만은 확실하게 알 테니까요.

모르는 단어가 나오면 반복해서 읽어라

아이들은 모르는 단어가 나올 때마다 "선생님, 이건 무슨 뜻이에요?" 하고 질문합니다. 그러면 저는 아이들에게 혹시 그 부분을 몇 번 읽었는지 물어봅니다. 그럼 아이들은 한 번 읽어보고 단어의 뜻을 몰라서 바로 질문했다고 답합니다. 저는 바로 단어의 뜻을 가르쳐주지 않고 그 문장의 앞뒤 문장을 서너 번 더 읽어보라고 합니다. 아이들은 제 말에 앞뒤로 한 문장씩만 읽어야 하는지 두 문장씩 읽어야 하는지 질문합니다. 그 단어의 뜻을 모르겠다면 앞뒤로 한 문장씩 읽어보고, 그래도 뜻을 모르겠다면 앞뒤로 두 문장씩 읽어보라고 합니다. 그런데도 뜻을 모르겠으면 앞뒤로 한 문장씩 늘려가며 읽으면서 그 단어의 뜻을 생각해보라고 합니다.

이렇게 앞뒤 문장의 흐름을 통해 단어의 뜻을 파악하는 것이 문맥을 통해 단어의 뜻을 파악하는 것입니다. 좀 귀찮고 번거로운 방법이지만 이렇게 단어의 뜻을 유추해야 기억에 오래 남습니다. 하지만 대부분 아이는 이 과정을 굉장히 귀찮아하며 제게 그냥 단어 뜻을 설명해주면 안 되냐고 묻습니다.

모르는 단어가 나왔을 때, 누군가에게 물어서 바로 쉽게 답을 구하면 그 단어의 뜻을 기억하지 못합니다. 반드시 스스로 단어의 뜻을 찾고 그것을 익히기 위해 노력해야 합니다. 그렇게 하지 않으면 아무리 단어의 뜻을 기억하려고 해도 기억하지 못합니다. 힘들게 노력하는 과정이 있어야 잘 잊지 않는 법입니다.

조금 힘들고 귀찮더라도 모르는 단어가 나오면 먼저, 모르는 단어의 앞뒤 문장을 읽고 뜻을 유추하게 하고, 그래도 뜻을 유추하지 못한다면 아이가 꼭 스스로 사전에서 그 단어의 뜻을 찾고 이해할 수 있게 해주세요.

초등학생이라면 이 과정이 쉽지 않지만, 중학생의 경우 초등학생 때보다 인지적 능력이 발달했기 때문에 빨리 이해하고 잘 적용할 수 있습니다. 모르는 단어가 나올 때마다 단어의 뜻을 유추하거나 사전을 찾는다면 시간이 많이 소요될 것 같지만 이것이 반복되면 자연스레 모르는 단어를 유추하는 능력이 생깁니다. 이렇게 단어의 뜻을 꾸준히 찾아야 국어 문해력을 빠르게 키울 수 있습니다.

4. 꾸준히 쓰기

읽기가 중요하지만 읽기만으로 문해력을 키울 수는 없습니다. 문해력을 확인할 수 있는 무언가가 필요합니다. 문해력은 글을 잘 읽고 쓰는 것을 포함하거든요. 그러니 문해력을 키우기 위해 쓰기 활동도 필수지요.

가장 쉽게 시작하는 활동은 일기입니다. 반드시 일기 쓰기가 아니라도 괜찮습니다. 어떤 글이든 꾸준하게 쓰면 됩니다. 그런데 글을 쓰라고 하면 많은 사람이 글의 내용보다 글의 형식을 먼저 걱정합니다. 소설을 쓰라고 하면 소설을 읽어는 봤지만 써본 적이 없어서 어떻게 쓸지 걱정하고, 수필을 쓰라고 하면 수필도 뭔가 근사하게 써야 할 것 같아 걱정합니다. 그에 비해 일기는 정해진 형식이 없고 초등학생 때도 썼던 경험이 있어 쓰기에 부담이 덜합니다. 또 그날 있었던 일과 그와 관련한 생각을 쓰는 것이기 때문에 한결 편하게 쓸 수 있습니다.

글을 쓰는 것은 황무지에 길을 내는 것이다

글을 읽는 것은 그 글을 쓴 사람이 만든 흐름을 따라가는 것이지만, 글을 쓰는 것은 아무것도 없는 황무지에 길을 내는 것입니다.

많은 공신이 공통으로 이야기하는 효과적인 공부 방법 중에 '백지 공부법'이 있습니다. 백지 공부법은 하얀 백지에 자신이 공부한 것을 정리하는 공부법인데요, 정리하다가 막히면 그 부분을 제대로 공부하지 못한 것이므로 그 부분을 다시 공부해서 백지에 정리하는 것입니다. 이렇게 공부하면 공부한 내용을 훨씬 잘 기억할 수 있습니다. 정리된 자료를 보면서 설명하는 건 잘하지만 아무것도 없는 백지에 공부한 내용을 쓰는 건 힘듭니다. 만들어진 길을 따라가는 것보다 아무것도 없는 곳에 길을 만드는 것이 더 어렵거든요.

길을 만들기 위해서는 생각을 많이 해야 합니다. 어떻게 길을 만들 것인지, 어떤 길을 만들 것인지 끊임없이 궁리하고 고민해야 합니다. 어떤 방향으로 어떻게 길을 만드는지에 따라 사람마다 길의 방향도, 크기도, 모양도 다 다릅니다. 그 길이 어떤지는 끝까지 길을 만들어봐야 알겠지요. 길을 만드는 것은 이 모든 것을 스스로 생각하고 판단하는 겁니다.

읽기는 제시된 글의 내용을 읽은 뒤, 글과 자기 생각을 비교해 글의 내용을 판단하고, 그와 관련한 생각을 정리해서 행동으로 옮길 수도 있는 능동적인 활동입니다. 하지만 읽기를 쓰기와 비교한다면 쓰기가 읽기보다 훨씬 적극적이지요. 쓰기는 온전히 자기 생각을 정리해서 써야 하니까요. 어딘가에 기댈 수 없습니다. 그뿐 아니라 글을 다 쓴 후 전체적 글의 흐름이 맞는지 끊임없이 읽고 확인해야 합니다. 글의 길이와 상관없이 쓰기는 스스로 쓰고 점검해야 하는 능동적인 활동입니다.

국어 수행평가에는 글쓰기가 많습니다. 아이들의 글을 읽으면 아이들이 어떤 생각을 하고 있는지, 어떤 상황이나 마음을 가졌는지 꽤 진솔하게 쓰여 있는 경우가 많아 솔직한 생각과 사고를 알 수 있습니다. 그것이 주장하는 글이건, 설명하는 글이건 글을 쓴 사람의 목소리가 담겨 있습니다. 단순히 읽기만 했다면 아이들의 생각을 알기 힘들었겠지요.

어떻게 쓸 것인가

매일 쓸 필요는 없습니다. 일주일에 한두 번이면 충분합니다. 대신 1년 이상 꾸준하게 써야 합니다. 꾸준하게 써야 쓰기 능력이 향상됩니다. 처음부터 길게 쓰지 않아도 됩니다. 한두 줄로 시작해도 괜찮습니다. 노트 한 페이지를 목표로 조금씩 분량을 늘려나가면 됩니다.

누구나 글을 쓰고 나면 자신이 쓴 글을 다시 읽게 마련입니다. 자기 생각을 담은 글이라 다른 사람이 쓴 글보다 훨씬 수월하게 읽힐 겁니다. 글을 쓸 때는 쓰기에 집중하다 보니 전체의 흐름이 안 보이지만 글을 읽을 때는 글 전체의 흐름을 고려하며 읽습니다. 글을 읽을 때는 글의 흐름이나 글과 관련한 여러 가지를 생각할 수밖에 없거든요. 자신이 쓴 글을 읽다 보면 다음 글쓰기를 할 때 이렇게 쓰면 좀 어색하더라, 이렇게 쓰는 건 좋더라 하는 자신만의 글쓰기 기준도 생기고요. 그것은 곧 그 사람만 가지는 글의 향기가 되겠지요.

맞춤법이나 틀린 표현은 어떻게 하냐고요? 글을 꾸준히 쓴다면 맞춤법이나 틀린 표현을 수정하거나 다듬어 줄 필요가 없습니다. 학교에서 국어 시간에 맞춤법이나 문법에 대해서 배우기도 하고, 각종 쓰기 활동을 하면 선생님들이 틀린 표현이나 문법을 수정해 주거나 알려 줍니다. 이런 상황이 반복되면 조금씩 맞춤법이나 문법에 맞춰 올바로 쓰게 됩니다.

평소에 꾸준히 글을 쓴다면 수업 시간이나 각종 활동을 통해서 잘못 알고 있던 것에 대해 듣게 되고 올바른 표현을 인지하게 되거든요. 그러면서 조금씩 틀린 부분을 바르게 쓰게 됩니다. 자신이 쓴 글을 읽으면서 스스로 깨치기도 하고요. 괜히 틀린 글을 수정해주겠다고 했다간 오히려 아이와 사이가 나빠질지도 모릅니다.

그래도 찜찜하다면 자기가 쓴 글을 소리 내서 읽게 하면 됩니

중등 문해력의 비밀

다. 우리는 평소에 쓰는 활동보다 말하는 활동을 더 많이 합니다. 그래서 소리를 내서 읽으면 글을 쓰기만 하는 것보다 훨씬 더 자연스러운 표현이 나옵니다.

저 역시 책을 쓸 때마다 한 챕터를 다 쓰고 나서 여러 번 소리 내서 읽습니다. 분명히 글로 쓸 때는 자연스럽게 느껴졌는데, 입으로 소리 내서 읽으면 거슬리는 부분이 있거든요. 그러면 그 부분을 다시 읽으면서 자연스러운 말로 고치는 거죠. 저는 이게 저 혼자만의 비결인 줄 알았는데 많은 작가가 공통으로 이야기하는 내용이더라고요.

따로 시키지 않아도 일기를 쓰다 보면 아이가 스스로 깨칠 겁니다. 무엇이든 꾸준히 하면 잘하게 되듯이 글도 꾸준히 쓰면 조금씩 잘 쓰게 됩니다. 처음 쓸 때는 길이가 짧아도 차츰 반복하면서 글의 길이도 늘어납니다. 국어는 모국어이기 때문에 글을 쓰기 위해 따로 뭔가를 배우거나 익히지 않아도 됩니다. 자연스럽게 자기 생각이나 느낌을 쓰는 경험이 중요합니다.

수행평가도 결국 쓰기다

학교 성적을 생각하면 수행평가에서 자유로울 수 없는데요, 수행평가의 90% 이상은 글쓰기와 밀접한 연관이 있습니다. 발표도 글을 써야 하거든요. 꾸준히 글쓰기를 해왔다면 글의 종류에 따른 글쓰기를 따로 훈련할 필요는 없습니다. 평소 공책 한 페이지 가량의 글을 쓸 수 있는 능력이 갖춰져 있다면 그것으로 충분합 니다.

만일 국어 수행평가에서 설명하는 글을 쓰거나 주장하는 글을 써야 한다면, 국어 교과서에 논설문이나 설명문 쓰기의 과정이 상세히 설명되어 있어 그것을 보고 연습할 수 있습니다. 보통 글쓰기 수행평가는 수업 시간 중에 글의 종류에 따라 글쓰기 과정을 직접 수행하고, 마지막에 한 시간을 제시해 글쓰기 수행평가를 합니다. 대체로 글쓰기 과정도 수행평가에 반영되고, 글쓰기로 쓴 글도 수행평가에 반영됩니다. 글쓰기 과정의 경우 수업 시간 내내 선생님이 곁에서 방법을 설명하고, 도와주지만 글쓰기를 하는 동안에는 정해진 시간에 본인이 쓴 개요표를 보고 정해진 분량의 글을 써야 합니다.

글쓰기 수행평가를 할 때마다 느끼는 것은 평소 글쓰기 훈련이 되어 있는 아이들은 글을 쓸 때 별다른 어려움을 느끼지 않지만, 글쓰기 훈련이 되어 있지 않은 아이들은 긴 글을 써야 하는 글쓰기 수행평가를 어려워한다는 겁니다.

글쓰기 수행은 대부분 한 페이지 이상의 글을 쓰라고 요구합니다. 평소에 글쓰기 연습이 되어 있지 않다면 이런 긴 글을 써내기 힘들겠지요. 수행 평가를 할 때마다 어떤 아이는 제시된 분량이 많다고 하고, 또 어떤 아이는 표에 개요만 나와 있는 부분을 어떻게 글로 정리해야 할지 모르겠다고 합니다. 또 머릿속이 하얘져서 아무것도 쓸 수가 없다고 호소하는 아이도 있습니다. 그렇게 시간은 흘러가고 완성하지 못한 글을 제출합니다.

그때마다 참 안타깝습니다. 교과서에 글쓰기 과정이 다 제시되었고, 분량도 어떻게 하면 아이들이 부담스럽지 않을까를 충분히 고민해서 제시하거든요. 그동안 어떤 글이든 꾸준하게 글쓰기를 했다면 그런 것들로 고민하지 않을 텐데요.

글을 꾸준히 써야 자신의 글이 어떤지 스스로 알 수 있습니다. 표현이 부족하다면 표현의 한계도 느끼고, 생각한 것을 어떻게 써야 잘 표현할 수 있는지 글쓰는 방법도 생각합니다. 잘 쓰려면 잘 읽어야 한다는 것도 느낄 겁니다.

쓰기 활동은 신기합니다. 그냥 손으로 글을 쓸 뿐인데도 머리는 이 글을 어떻게 써야 하는지 끊임없이 생각하게 합니다. 글을 계속 써나가다 보면 좋은 표현을 봤을 때, 나도 이런 좋은 표현을 써 보고 싶다고 생각해서 메모해 두기도 하고, 비슷한 표현을 생각하기도 합니다. 이렇게 좋은 글을 만났을 때는 그날 일기는 그 표현을 필사하는 것도 좋겠지요. 일기의 장점은 정해진 형식이 없다는 겁니다. 일기는 내가 쓰고 싶은 대로 다양한 형태로 쓸 수 있으니까요.

글쓰기의 주의점

이때 주의할 점은 절대 아이가 쓴 글에 대해서 잔소리해선 안 된다는 겁니다. 초등학교 때 검사받았던 일기 쓰기를 떠올려 보세요. 검사를 받았기에 솔직하게 쓰지 않았고, 일기를 쓰는 게 재미없었습니다.

제가 가르치는 아이 중에 혼자서 소설을 쓰는 아이가 있습니다. 그 아이가 쓴 글을 읽으면 어쩜 이렇게 자기 생각을 깔끔하게 잘 썼을까 싶을 때가 많습니다. 또래 아이들보다 표현도 훨씬 풍부하고, 글도 꽤 논리적으로 잘 쓰는 편입니다. 우연히 그 아이와 이야기를 나누었는데, 혼자서 습작처럼 소설을 쓰고 있다고 했습니다. 생각보다 꽤 많아서 공책 몇 권이 된다고 합니다. 엄마도 종종 자기 소설을 읽는데, 독자로서 궁금한 점이나 뭔가 이해되지 않는 부분들을 질문한다고 합니다. 그러면 엄마의 질문에 답하기 위해서 자신이 쓴 소설을 다시 읽어보기도 하고 질문에 대한 답을 궁리하기도 한다고요.

아이가 글을 쓸 때, 엄마의 잔소리가 늘수록 아이도 쓰기에 대해 부정적 인식이 늘 겁니다. 무엇을 써야 할지 걱정이 되고 부담스러워한다면 일기를 추천합니다. 일기를 쓰기 전에 아이와 오늘 있었던 일에 관해 이야기도 나누고, 칭찬거리나 격려할 거리를 찾아서 해주는 것도 좋겠지요. 일기는 누구나 쉽게 쓸 수 있어 접근성도 좋습니다.

아이에게 예쁜 일기장을 선물해주세요. 일기장에 반드시 일기를 쓸 필요는 없습니다. 일기도 쓰고, 독서 감상문도 쓰고, 쓰고 싶은 걸 자유롭게 쓰게 하세요. 처음에는 쉽지 않겠지만 일기장 한 페이지에 아이가 자기 생각이나 마음을 쓸 수 있도록 도와주세요. 이렇게 자기 생각을 글로 드러내서 쓰는 훈련을 꾸준히 해야 글쓰기 수행평가에서 당황하지 않고 습관처럼 빠르게 생각을 정리하고 글을 쓸 수 있습니다.

글쓰기를 꾸준히 하면서 자신의 생각을 글로 표현하는 연습을 한 아이들은 다른 사람의 글을 읽을 때도 그 사람의 생각을 잘 찾습니다. 제대로 읽어야 잘 쓸 수 있는 것처럼 제대로 쓸 수 있어야 읽기도 잘할 수 있습니다.

5. 맞춤법과 문법 익히기

국어 문해력을 키우기 위한 마지막 방법은 맞춤법과 문법을 익히는 것입니다. 맞춤법과 문법을 제대로 모르면 글을 쓰거나 읽을 때 그것이 제대로 된 표현인지 아닌지 알기 힘듭니다. 당연히 그 의미도 제대로 파악하지 못하겠죠.

맞춤법 익히기

맞춤법은 우리가 의사소통하기 위한 중요한 수단입니다. 글을 쓸 때, 생각을 명확하게 전달하기 위해 맞춤법을 제대로 써야 합니다. 맞춤법이 틀리면 전달하려는 내용에 제대로 잘 전달되지 않을 수 있기 때문이죠.

아래의 문제는 많은 사람이 틀리는 맞춤법인데요, 올바른 맞춤법이 무엇인지 생각해보세요.

---

① 금새	⑧ 몇일	⑮ 나중에 뵈요
② 시레기	⑨ 병이 낳다	⑯ 널부러지다
③ 할께요	⑩ 희안하다	⑰ 왠일인지
④ 역활	⑪ 궁시렁거리다	⑱ 안되
⑤ 잠궜다	⑫ 문안하다	⑲ 어의 없다
⑥ 오랫만에	⑬ 통채로	⑳ 바램
⑦ 설겆이	⑭ 어떻해	

답을 생각해 보았나요? 그럼, 아래의 정답을 볼까요?

---

① 금세

② 실외기

③ 할게요

④ 역할

⑤ 잠갔다

⑥ 오랜만에

⑦ 설거지

⑧ 며칠

⑨ 병이 낫다

⑩ 희한하다

⑪ 구시렁거리다

⑫ 무난하다

⑬ 통째로

⑭ 어떻게/어떡해

⑮ 나중에 봬요

⑯ 널브러지다

⑰ 웬일인지

⑱ 안돼

⑲ 어이없다

⑳ 바람

많이 맞았나요?

15문제 이상 맞으면 나의 맞춤법 실력은 보통입니다. 그 이하라면 맞춤법에 좀 더 신경을 써야겠지요.

맞춤법과 문법을 정확하게 사용해야 하는 이유

맞춤법과 문법은 우리 삶에서 아주 중요합니다. 맞춤법이나 문법이 정확해야 그것을 이해하고 잘 해석할 수 있거든요. 맞춤법이나 문법이 틀리면 그것을 쓴 사람의 의도와 전혀 다르게 전달될 수도 있습니다. 또 맞춤법이나 문법은 문해력에도 영향을 줍니다.

맞춤법이나 문법을 어려워하는 아이들은 복잡한 생각을 이해하고 표현하는 것을 어려워할 가능성이 큽니다. 반대로 맞춤법을 정확하게 알면서 읽고 말하는 아이는 더 자신감이 있습니다. 글을 쓰거나 말을 효과적으로 할 가능성도 크겠지요. 맞춤법에 맞게 쓰는 것은 매우 중요합니다.

　저는 맞춤법과 문법은 선물의 포장과 같다고 생각합니다. 선물을 받았을 때를 떠올려 보세요. 선물을 받으면 처음에는 선물의 내용보다 포장이 먼저 보입니다. 신문지에 둘둘 말아서 포장했거나 포장지가 너덜너덜하다면 선물에 성의가 없는 것 같아서 선물을 풀기 전부터 선물에 대해 기대를 덜 하게 됩니다. 하지만 깔끔하고 깨끗하게 포장된 선물을 받으면 선물을 풀기 전부터 기분이 좋습니다. 결국 선물의 내용도 중요하지만, 그것을 얼마나 깔끔하고 정성스럽게 포장하는가도 선물에서 중요한 요소인 거죠.
　맞춤법과 문법을 제대로 사용하는 것도 비슷합니다. 글을 쓰는 사람이 하고 싶은 말이 아무리 훌륭하고 좋은 내용이라 하더라도 그것을 표현하는 맞춤법이나 문법이 엉망이라면 그 글을 읽기도 전에 그 글에 대한 호감과 신뢰도가 떨어집니다. 내가 글을 쓸 때도 마찬가지고, 읽을 때도 마찬가지입니다.

　책을 읽을 때, 우리의 뇌는 자동으로 맞춤법에 맞춰서 단어를 인식합니다. 맞춤법이 틀리면 뇌는 그 단어가 무슨 뜻인지 파악하는 데 집중합니다. 한두 번은 괜찮겠지만 이것이 반복되면 읽기 속도가 늦어집니다. 사람의 기억력이란 시간적 한계가 있어, 읽기 속도가 느리면 앞부분 내용과 흐름을 놓칠 수 있습니다. 글의 내용이 이해되지 않거나 흐름을 놓치면 글에 대한 집중이 떨어져 글의 내용을 읽고 이해하기가 더 어려울 겁니다. 맞춤법과 문법이 많이 틀린 글은 무엇을 이야기하는지 이해하기 어려울 수 있는 거죠. 맞춤법과 문법이 중요한 이유가 여기에 있습니다.

그렇다고 중학생에게 고차원적인 수준의 문법을 익히고 공부하라는 뜻은 아닙니다. 일상생활에서 문제가 생기지 않을 정도만 익히면 됩니다. 그 정도만 익혀도 문해력을 키우는 데 큰 문제는 없습니다.

중학교 국어 교과서에는 매 학기 문법 단원이 하나씩 나옵니다. 한 학기에 문법 관련 내용이 한 단원이라면 공부해볼 만하지 않을까요? 고등학생이 되면 더 많은 학습이 필요합니다. 하지만 일상생활에 필요한 문해력을 위해서는 중학교 교과서에 나오는 문법으로 충분합니다.

맞춤법이나 문법에 맞지 않은 글은 내용을 이해하기도 어렵고, 전달하고자 하는 의미를 알기 어렵습니다. 문법은 함께 사는 사람들이 서로 약속한 언어 체계입니다. 이 맞춤법과 문법을 잘 사용해야 의미가 잘 통하고 상대의 의미도 잘 파악할 수 있습니다. 그래야 문해력도 잘 키울 수 있습니다.

중등 문해력의 비밀

국어 디지털 문해력
키우기

　디지털 문해력은 디지털 환경에서 정보를 찾고 이해하고, 평가하고, 활용하는 능력을 말합니다. 바야흐로 디지털 시대입니다. 모든 정보를 책이나 사람에게서 찾던 과거와 달리 디지털 매체에는 다양한 정보가 다양한 형태로 제공됩니다. 이 디지털 매체를 이해하고 활용하려면 디지털 문해력을 키워야 합니다.

　디지털 문해력을 키우기 위해서는 디지털 매체를 효과적으로 살피고, 디지털 정보의 신뢰성을 평가할 수 있어야 합니다. 디지털 문해력을 키운다는 뜻은 단순히 디지털 기기를 이용하거나 소프트웨어를 사용할 수 있는 능력을 키우는 것을 뜻하지 않습니다.

그보다 그 디지털 매체가 주는 다양한 메시지를 읽어내고 그것을 어떻게 이해할 것인지 판단하고 수용할 수 있어야 합니다.

디지털 문해력을 키우기 위해서는 첫째, 다양한 디지털 매체에 맞게 적절한 검색 전략을 세워야 합니다. 다음으로, 디지털 매체에서 사용하는 정보의 출처가 정확한지, 가짜 뉴스는 없는지도 확인해야 합니다. 또, 디지털 매체의 특징을 제대로 이해하고 분석해서 이를 적절하게 활용하여 주어진 문제를 해결할 수도 있어야 합니다.

디지털 시대에는 정보의 양이 기하급수적으로 증가합니다. 인터넷과 다양한 디지털 플랫폼을 통해 거의 무제한의 정보에 접근할 수 있습니다. 그러나 이런 정보의 폭증은 오히려 어느 정보가 진짜인지 가짜인지, 어느 것이 더 중요한지 덜 중요한지, 그것이 유용한 정보인지 허위 정보인지 혼란스럽게 합니다. 이것을 구별하는 능력이 필요합니다.

정보를 읽고 판별하는 능력은 디지털 사회의 필수적인 능력입니다. 이때 필요한 것이 바로 문해력이지요. 디지털 시대에서는 문해력에 대한 요구가 더욱 커질 수밖에 없습니다. 디지털 시대에 우리가 접하는 많은 정보는 전 세계에서 쏟아지는 만큼 다양한 언어로 구성되어 있습니다. 이 언어들을 제대로 읽어내려면 국어 문해력이 우선입니다.

국어 교육과정에서도 이런 상황을 인식하고 있습니다. 그래서 국어 교육과정에 디지털 매체에서 제공되는 다양한 형식의 텍스트를 이해하고, 효과적으로 해석해서 정보를 습득하고 활용하는 디지털 문해력을 키우도록 했습니다. 이 국어 교육과정에 따라 국어 수업 시간에 매 학년 다양한 형태의 디지털 매체를 다루는 활동을 제시하고 있습니다.

1. 중학교 국어 교육과정 속 디지털 문해력 찾기

중학교 교육과정에 디지털 문해력을 키우기 위한 내용이 전 영역에 제시되어 있습니다.

듣기·말하기 영역에서는 '매체 자료의 효과를 판단하며 듣는다.', 읽기 영역에서는 '매체에 드러난 다양한 표현 방법과 의도를 평가하며 읽는다.', 쓰기 영역에서는 '영상이나 인터넷 등의 매체 특성을 고려하여 생각이나 느낌, 경험을 표현한다.'로 영역마다 성취 기준을 제시해 두었습니다. 중학교 국어 교과서를 통해 디지털 문해력을 키우는 바탕을 마련하는 거죠.

그럼, 국어 교과서를 살펴볼까요?
국어 교과서에는 뉴스나 웹사이트 등 다양한 형태의 디지털 매체 자료가 제시됩니다. 디지털 매체 자료가 읽기 자료로 제시될 때도 있고, 활동 자료로 제시될 때도 있습니다. 아이들은 수업 시간에 이 다양한 매체를 어떻게 읽어야 하는지를 경험하고, 매체에 포함된 사진, 그래픽, 동영상, 그래프 등 다양한 시각 자료의 영향 및 효과를 생각하고 비판적으로 분석하는 방법을 학습합니다. 이 과정을 통해 매일 쏟아지는 수많은 매체의 수많은 정보 중 신뢰할 수 있는 정보를 식별하고 그것을 효과적으로 활용하는 방법 등을 익히는 거죠.

2. 중학교 국어 교과서 속 디지털 매체 활용하기

미래엔 교과서를 예로 보겠습니다.

1학년 2학기 '다양한 의사소통'에 '매체로 표현하기'가 있습니다. 학습 목표는 '영상이나 인터넷 등의 매체 특성을 고려하여 생각이나 느낌, 경험을 표현할 수 있다. 언어폭력의 문제점을 인식하고 상대를 배려하며 말하는 태도를 지닐 수 있다.'입니다.

이 단원에서 다양한 인터넷 매체로 전자우편, 온라인 대화, SNS, 블로그, 인터넷 게시판 댓글, 영상 매체 등이 제시되고 이 매체들의 특징과 사용하는 목적, 이때 지켜야 할 언어 예절 등에 대해 반성하도록 구성되어 있습니다.

중등 문해력의 비밀

중학교 국어교과서에 명시된 매체 단원

출판사	학년	단원명
(주)미래엔	1-2	4. 다양한 의사소통 (2) 매체로 표현하기
	2-2	4. 올바른 국어 생활 (2) 매체 바르게 읽기
(주)교학사	1-1	2. 나를 표현하라 (2) 매체로 표현하기
	2-2	3. 매체를 보는 눈 (1) 자료의 효과 판단하며 듣기 (2) 표현의 의도 평가하며 읽기
(주)금성출판사	1-2	4. 마음으로 만나고, 오감으로 펼치다 (2) 매체로 소통하다
	2-1	5. 매체 자료를 보는 눈 (1) 표현 방법 평가하며 매체 읽기 (2) 매체 자료의 효과 판단하며 듣기
동아출판(주)	1-1	4. 어떻게 읽고 표현할까 (2) 상대를 배려하며 매체로 표현하기
	2-2	4. 매체와 함께 하는 삶 (1) 매체의 표현 방법 평가하며 읽기 (2) 핵심 정보로 발표하고 비판하며 듣기
(주)비상교육	1-2	1. 비판적으로 듣고, 매체로 표현하고 (2) 인터넷 매체로 표현하기 (3) 책 읽고 영상으로 표현하기
	2-2	3. 매체로 보는 세상 (1) 매체의 표현과 그 의도 (2) 매체 자료의 효과
(주)천재교육 노미숙	1-2	2. 소통으로 여는 세상 (2) 매체 특성에 맞게 표현하기

(주)천재교육 노미숙	2-1	4. 우리가 만나는 매체 (1) 매체의 표현 방법 (2) 발표와 매체
(주)천재교육 박영목	1-2	4. 연극과 매체 표현 (2) 매체의 특성을 고려하여 표현하기
	2-2	4. 비판적 듣기와 읽기 (1) 매체 자료의 효과 판단하며 듣기 (2) 매체 바르게 읽기
(주)지학사	2-1	5. 이해를 돕는 매체 (1) 명태의 귀환 (2) 내가 보는 세상은 진짜일까
	3-2	5. 다르게 보고, 바르게 쓰기 (1) 걷기를 보는 다양한 시각 (2) 쓰기 윤리와 보고하는 글쓰기
(주)창비	1-2	2. 우리가 만드는 학교 (2) 매체 특성을 고려하여 표현하기
	2-2	4. 세상을 보고 듣다 (1) 매체 자료의 효과 판단하기 (2) 매체의 표현 방법과 의도 평가하기

2학년 2학기 교과서 '올바른 국어 생활'에 '매체 바르게 읽기'가 있습니다. 학습 목표는 '매체에 드러난 다양한 표현 방법과 의도를 평가하며 읽을 수 있다.'입니다.

이 단원에서는 뉴스를 제시하고 현장의 화면, 그림, 도표, 인터뷰 등 뉴스에서 사용한 다양한 표현 방법을 찾아보고 그 표현들이 적절한가, 그리고 그 표현이 어떤 효과가 있는가를 판단합니다.

중등 문해력의 비밀

그리고 매체의 특성에 따라 어떤 표현 방법이 어떤 때에 더 적절한지 공부합니다. 그리고 발표할 내용을 마련해서 어떤 매체를 활용해야 그 내용을 더 효과적으로 드러낼 수 있는지, 그 매체에 어떤 표현 방법을 써야 더 효과적인지 등을 판단하여 발표하는 활동으로 마무리합니다.

3. 국어 문해력이 곧 디지털 문해력

국어 교과서에는 직접 매체를 다루는 부분이 있기는 하지만 이 부분을 통해서만 디지털 문해력을 키울 수 있는 건 아닙니다. 국어 교과서 속에는 설명문 쓰기, 논설문 쓰기 등 여러 글쓰기 활동이 많습니다. 학기마다 다양한 글쓰기 단원이 하나 이상 나옵니다.

글쓰기 활동을 하려면 아이들이 주제를 정하고 직접 근거 자료를 찾아 글을 써야 합니다. 글을 잘 쓰려면 다양한 근거가 필요한데 국어 교과서에 근거를 찾는 다양한 방법이 제시되어 있습니다. 도서관에 가서 책 찾기, 관련 인물 인터뷰하기, 인터넷 매체 찾기 같은 방법이 있지요. 그중 가장 많이 찾는 방법이 디지털 매체를 활용하는 것입니다. 휴대전화 등의 전자 매체를 검색해서 인터넷에서 글로 된 자료나 전문가가 인터뷰하는 자료 등을 찾고, 그 검

2022 개정 교육과정의 매체 영역

핵심 아이디어	• 매체는 소통을 매개하는 도구, 기술, 환경으로 당대 사회의 소통 방식과 소통 문화에 영향을 미친다. • 매체 이용자는 매체 자료의 주체적인 수용과 생산을 통해 정체성을 형성하고 사회적 의미 구성 과정에 관여한다. • 매체 이용자는 매체 및 매체 소통의 영향력에 대한 이해와 자신과 타인의 권리를 지키기 위한 적극적인 노력을 통해 건강한 소통 공동체를 형성한다.			

범주		내용 요소			
		초등학교			중학교
		1~2학년	3~4학년	5~6학년	1~3학년
지식 · 이해	매체 소통 맥락		• 상황 맥락	• 상황 맥락 • 사회·문화적 맥락	
	매체 자료 유형	• 일상의 매체 자료	• 인터넷의 학습 자료	• 뉴스 및 각종 정보 매체 자료	• 대중매체와 개인 인터넷 방송 • 광고·홍보물
과정 · 기능	접근과 선택	• 매체 자료 접근하기	• 인터넷 자료 탐색·선택하기	• 목적에 맞는 정보 검색하기	
	해석과 평가		• 매체 자료 의미 파악하기	• 매체 자료의 신뢰성 평가하기	• 매체의 특성과 영향력 비교하기 • 매체 자료의 재현 방식 분석하기 • 매체 자료의 공정성 평가하기
	제작과 공유	• 글과 그림으로 표현하기	• 발표 자료 만들기 • 매체 자료 활용·공유하기	• 복합양식 매체 자료 제작·공유하기	• 영상 매체 자료 제작·공유하기
	점검과 조정		• 매체 소통의 목적 점검하기	• 매체 이용 양상 점검하기	• 상호 작용적 매체를 통한 소통 점검하기
가치·태도		• 매체 소통에 대한 흥미와 관심	• 매체 소통 윤리	• 매체 소통에 대한 성찰	• 매체 소통의 권리와 책임

중등 문해력의 비밀

색 결과가 자신의 글에 맞는 근거인지 판단하는 거지요.

출처가 명확한 자료여야 근거로 인정되기 때문에 신뢰성 있는 출처의 자료를 찾아야 하고, 반드시 출처를 밝히도록 합니다. 이 활동은 글쓰기를 통해 국어 문해력을 키우는 과정이지만 그 근거를 디지털 매체에서 찾는 경우가 많아 디지털 문해력도 키울 수 있습니다.

책 읽기를 통해 올바른 인터넷 리터러시까지

디지털 문해력을 키우기 위해서는 국어 교과서를 공부하는 것뿐 아니라 책 읽기도 꼭 필요합니다. 책을 읽으며 키운 문해력은 인터넷의 정보를 제대로 이해하고 그것을 활용하는 데에도 필수적이기 때문입니다. 디지털 매체에서 사용하는 것도 결국은 언어입니다.

국어 교과서와 독서를 통해 키운 문해력은 인터넷 리터러시를 키우는 데에 큰 도움이 됩니다. 인터넷 리터러시는 인터넷에서 다양한 정보를 찾고, 온라인 자료를 활용하여 과제를 수행할 때, 인터넷에서 검색한 정보의 신뢰성을 판단하고, 효과적인 검색 전략을 사용하여 원하는 정보를 찾는 것을 뜻합니다. 블로그, 기사, 논문 등 다양한 매체의 글을 이해하고 분석해, 자기 생각을 효과적으로 표현하는 것도 리터러시라 할 수 있겠지요. 앞에서 언급한

국어 교과서의 글쓰기 활동이 이것과 비슷하지 않나요? 실제로 주장하는 글쓰기나 설명하는 글쓰기 수행평가를 할 때, 다양한 온라인 자료도 활용합니다. 이렇게 디지털 문해력은 국어 문해력과 떼려야 뗄 수 없습니다.

책 읽기도 인터넷 리터러시 교육에 중요합니다. 책은 작가의 생각과 견해를 전달하는 매체로, 자기 생각과 견해를 누군가에게 전달하기 위한 목적이 있습니다. 우리는 책을 읽으면서 그 글을 쓴 사람의 생각과 견해를 판단합니다. 저자가 이야기하는 바가 적절한지 논리적 연결고리를 생각합니다. 따로 훈련하지 않아도 책을 읽으면 자연스럽게 그렇게 생각하지요. 책을 쓴 사람의 삶과 책을 읽는 사람마다 삶의 배경이 다르므로 서로 가지고 있는 생각이나 배경지식이 달라, 자연스럽게 나와 생각이 다른 부분이나 내가 이해할 수 없는 부분에 대해 이해하기 위해 책을 읽는 내내 사고합니다.

책을 많이 읽을수록 이런 사고의 경험이 쌓입니다. 이 경험을 바탕으로 자신의 기준을 형성하며 다른 정보를 받아들일 때도 비판적으로 깊이 사고하고 궁리하게 됩니다.

책 읽기를 통해 생긴 비판적 읽기 능력이 디지털 시대에 쏟아지는 수많은 정보를 읽을 때도 자신만의 비판적 기준을 갖고 비판적으로 정보를 수용하게 돕습니다. 자기만의 기준이 있으니 그 기준에 따라 어떤 정보를 읽을 때도 흔들리지 않고 비판적으로 수용합니다.

가짜 뉴스는 진짜 뉴스보다 6배나 더 빠르게 확산한다고 합니다. 가짜 뉴스가 진짜 뉴스보다 사람들의 호기심을 더 자극하는 내용을 담고 있기 때문이지요. 자신만의 기준이 없는 사람들은 뉴스의 진실 여부를 판단하기보다 자극적인 내용에만 관심을 가집니다. 가짜 뉴스의 적절성이나 신뢰성 등을 판단하지 않고 왜곡된 정보를 그대로 받아들이는 거죠. 그러나 평소 꾸준하게 문해력을 키워왔다면 비판적인 태도로 가짜 뉴스를 무분별하게 받아들이지 않을 겁니다. 많은 사람이 제대로 된 문해력을 갖추고 있다면 가짜 뉴스의 확산을 막을 수 있을지도 모릅니다.

인터넷에서 원하는 정보를 찾을 때도 문해력이 필요해

인터넷에서 원하는 정보를 효율적으로 찾기 위해서도 문해력이 필요합니다. 디지털 시대 인터넷의 바다는 우리가 헤엄치기에 너무나 넓습니다. 구체적으로 검색할 수 있어야 정보를 찾을 수 있습니다. 내가 아무리 검색하고 싶은 것이 있다고 하더라도 그것을 어떻게 표현해서 검색어로 넣어야 할지 모른다면 아무리 넓은 인터넷의 바다라 하더라도 내가 원하는 정보를 정확하게 낚아 올릴 수 없습니다.

자신이 아는 것을 명확하게 구체화해서 인터넷에서 정보를 찾을 수 있어야 합니다. 이것 역시 반드시 문해력이 바탕이 되어야 합니다.

결국 디지털 시대에도 국어 문해력이 바탕이 되어야

코로나19가 전 세계적으로 유행했을 때 수많은 루머, 괴담, 추측, 정보가 생산되었습니다. 그것들은 다양한 디지털 매체를 타고 전 세계에 퍼졌고요. 이 중에는 누가 들어도 말도 안 되는 정보나 추측도 많았지만, 생각보다 많은 사람이 그 정보를 맹신하고 엉뚱한 일을 벌이기도 했습니다. 뉴스나 다른 정보를 조금만 더 찾아보았다면 그런 일들은 일어나지 않았을 겁니다.

정보와 소통이 중요한 디지털 시대도 좋지만, 이것을 제대로 읽고 이해하고 표현하기 위해서는 반드시 문해력을 갖추고 있어야 합니다. 디지털 시대에 많은 디지털 콘텐츠들이 다양한 언어로 구성되어 있습니다.

문해력이 탄탄한 사람은 디지털 매체의 잘못된 정보나 허위 정보를 구별해내는 비판적인 눈을 갖고 있습니다. 디지털 시대에 살아남으려면 쏟아지는 정보에서 진실을 찾는 눈이 필요합니다. 그것이 바로 국어 문해력입니다.

중등 문해력의 비밀

2

미래 인재의 필수 능력
영어 문해력 키우기

영어는 학교에서 주요 교과목 중의 하나지만
그 이상의 의미를 가집니다. 학교 졸업 후
직장에서, 사회에서, 일상에서 영어는 꼭
필요하니까요. 삶을 위한 영어를 읽고 쓰기,
그리고 그 기본을 쌓아가는 중학교 영어 문해력을
어떻게 키울 수 있을까요? 기본 영어 공부
로드맵부터 문해력으로 발전시키는 습관까지,
구체적으로 살펴보겠습니다.

영어 문해력,
리터러시

문해력만큼 요즘 많이 쓰이는 단어가 리터러시^{literacy}입니다.
캐임브리지 사전에 따르면 리터러시는 'the ability to read and
write(읽고 쓰는 능력)'로 우리말의 '문해력'과 그 의미가 같습니
다. 또 다른 의미로 'knowledge of a particular subject, or a
particular type of knowledge(특정 주제 또는 특정 유형의 지식에
관한 지식)'라고 정의하고 있습니다. '디지털 리터러시', '미디어 리터
러시', '금융 리터러시', '게임 리터러시', '뉴스 리터러시'처럼 리터러
시 앞에 주제 단어가 붙는 것이 이 정의를 활용한 용어지요. 정보
를 전달하는 매체가 다양하게 변화하면서 그 매체를 활용하는 지

중등 문해력의 비밀

식을 습득하는 능력으로 리터러시의 의미가 사용되고 있습니다.

영어가 필요한 이유

"앞으로 AI가 깔끔하게 번역해줄 텐데, 왜 고생스럽게 영어를 배워야 하나요?"

글로벌 시대이기 때문에 세계어로서 영어가 중요하다고 하면 아이들은 이렇게 반문합니다. 맞습니다. 그 말이 완전히 틀린 말은 아니지요. 수많은 언어를 실시간으로 통역해주는 이어폰은 물론, 카메라만 비추면 즉시 원하는 언어로 번역되는 도구를 들고 다니는 시대잖아요. 불과 몇 년 전만 하더라도 영어를 한국어로 번역하는 과정에 번거로움이 있었지만, 요즘은 영어가 한국어로 바로바로 번역됩니다. 그것도 공짜로 말이죠. 번역기 사용 초기에는 오역이 많으니, 영어를 해야 한다고 설득했지요. 하지만 요즘은 그런 말이 무색할 정도로 자연스럽고 매끄럽게 번역되고 있더군요.

영어 공부는 이제 정말 필요 없는 걸까요? 전혀 그렇지 않습니다. 이유는 먼저, 온라인상에 있는 대부분 정보가 영어로 이루어져 있습니다. 전 세계 7,000여 개의 언어가 존재하지만, 인터넷에 있는 정보의 59.3%가 영어입니다(2020년 기준). 한국어로 된 정보는 불과 0.6% 정도고요. 인터넷을 사용하는 인구 중 중국인이 차지하는 비중은 19.3%지만, 실제 인터넷상에 중국어로 된 정보는 약 1.3%라고 하니 영어는 명실상부 세계 공용어라고 할 수 있습니다. 아무리 AI가 모국어로 빠르고 자연스럽게 번역해서 정보를 제공한다고 하더라도 바로 영어로 정보를 접하는 것과 질과 양이 전적으로 차이가 날 수밖에 없습니다.

게다가 디지털 정보화 시대를 주도하는 나라는 미국입니다. 시가 총액 기준 세계 기업 순위 중 10위까지가 대부분 미국 기업이거든요. (2023년 5월 기준, 에너지 회사인 사우디아라비아의 아람코가 3위인 것을 제외하고요.) 상위권에 있는 애플, 마이크로소프트, 구글이 전 세계 디지털 정보를 선도하고 있지요. 세계 시장을 선도하는 기술과 연구는 거의 영어로 이루어져 있고, 영어로 발표됩니다. 그것을 한국어로 번역하여 정보를 얻기에는 양이 너무 방대하고 변화 속도는 빠릅니다. 반대로 한국어의 중요한 정보나 기술, 콘텐츠를 해외에 보여주려면 영어는 필수적입니다. 세계적인 한국 아이돌 그룹 BTS의 '다이너마이트Dynamite'가 2020년 미국 빌보드 핫 100에서 1위를 할 수 있던 것도 가사가 100퍼센트 영어라는 점도 무시하지 못합니다. 평소 비영어권 음악에 배타적이었던 해외의 라디오 방송 횟수 점수를 얻었다는 것이 업계의 분석이거든요.

단순히 영어로 번역되니 굳이 영어 실력이 필요하지 않다는 것은 안일하고 편협한 생각입니다.

중등 문해력의 비밀

영어 문해력이 필요하다

디지털 시대가 되면 영어로 읽고 쓰는 능력인 영어 문해력은 더욱 중요해질 것입니다. 영어는 디지털 시대를 주도하는 언어니까요. 영어를 읽고 이해할 수 있으면 풍부한 정보를 얻는 것은 물론, 온라인이 주는 혜택도 누릴 수 있습니다.

코로나19 때 학교 수업이 전면 온라인으로 전환되면서 가장 많이, 편리하게 사용되었던 플랫폼이 미국의 줌zoom과 구글 클래스, 유튜브였습니다. 실시간으로 온라인 수업에 참여할 수 있었던 패들릿padlet, 미리캔버스miricanvas, 카훗kahoot 역시 영어 기반의 도구이고요. 나중에 그와 비슷한 한국어 수업 도구가 나오긴 했지만, 영어로 정보를 얻을 수 있는 능력이 있는 사람이 더 빠르고 다양한 수업 도구를 활용할 수 있었습니다.

우리는 글과 텍스트가 넘치는 시대에 살고 있습니다. 인터넷상의 정보도 결국 텍스트입니다. 그리고 그 텍스트의 대부분은 영어고요.

아무리 영상 기술이나 음성 인식이 발전하더라도 텍스트는 기본입니다. 무슨 일을 하더라도 계획하고, 나누고, 정리하기 위해서는 텍스트가 필요하니까요. 우리에게 가장 오래되고 익숙한 매체가 글이잖아요. 종이책, 온라인 북(크롬북), 오디오 북 등 매체만 달라질 뿐 우리는 텍스트로 정보를 얻고 소통합니다. 어떤 일을 하든 계획하고, 나누고, 정리하는 도구는 글이지요.

영상 매체에 자막이 있는 이유도 바로 글을 통해야 콘텐츠를 쉽게 이해하고, 효과적으로 이용할 수 있기 때문입니다. 유튜브에 영상에 나오는 음성을 자동으로 분석하여 자막으로 나오는 것도 시청자의 이해를 돕기 때문입니다. 하지만 발음과 음성이 정확하지 않으면 자동 자막 역시 오류가 많은데요. 따로 영어 자막을 제작하는 크리에이터가 늘어나고 있습니다. 콘텐츠가 한국어로 만들어졌다고 해도 영어 자막이 있으면 확산과 공유 규모가 훨씬 커질 테니까요.

모국어의 문해력이 곧 외국어 문해력

앞에서도 언급했지만, 국어와 영어는 결코 동떨어진 과목이 아닙니다. 특히 고등학교 영어에서 1등급을 받아도 국어에서는 1등급을 받지 못하는 학생은 많지만, 국어에서 1등급이 나오는 학생 중에서는 영어 1등급이 아닌 학생은 거의 없다는 이야기가 있을 정도입니다.

수능 영어 영역에서 학생들이 가장 어려워하는 문항은 바로 '빈칸 추론' 문제인데요, 추론이란 '알고 있는 사실과 지식으로부터 새로운 사실을 유추하여 내는 것'입니다. 지문을 빠르고 정확하게 읽으면서 지문의 중심 소재와 세부 정보를 발견해서 이를 바탕으

　　　　　　　　　　　　중등 문해력의 비밀

로 중심 생각이 있는 빈칸을 골라야 합니다. 영어 지문을 읽고 이해한 뒤, 사고까지 해야 하는 만만치 않은 문제지요.

다음은 수능 영어에서 가장 오답률이 높았던 2014년도 35번 문제입니다. 번역된 내용으로 보겠습니다.

'(중략) 과학자들이 서로 소통할 때 과학의 개념들은 수학화되고, 과학이 결과물을 비과학자에게 보여줄 때는 영업력에 의존할 필요도, 의존할 수도 없어야 한다. 과학이 다른 학문과 말할 때 더 이상 과학이 아니게 되고 과학자는 수학의 정확성을 희석시키는 홍보원이 되거나 홍보원을 고용해야 한다. 그러면서 과학자는 수사적인 모호함과 은유를 위해 수학적 정확성으로부터 역행하게 되고, 그리하여 ＿＿＿＿＿＿＿＿＿＿＿＿＿＿＿＿＿＿.'

① 좋은 영업력에 필요한 과학적 언어를 쓰는 능력을 감퇴시킨다.
② 과학과 수학을 연계시킴으로써 과학의 장벽을 극복하게 된다.
③ 수학에 소질이 없는 사람들을 과학을 적대시하는 게 불가피하다.
④ 과학과 대중 사이의 격차를 해소해야 하는 의무를 소홀히 한다.
⑤ 자신이 과학자인 이유인 지적 행위 규범을 위반하게 된다.

이 글의 중심 내용은 '과학자는 수학적 정확성을 가져야 하고,

그 결과를 대중에게 보여주기 위해 영업과 홍보를 하면서 과학의 정확성을 희석시키면 안 된다.'는 것으로 정답은 ⑤번이었습니다.

추론 문제는 독해만으로 절대 해결할 수 없습니다. 단순하고 기계적인 문제 풀이 요령은 더더욱 통하지 않습니다. 영어 지문을 읽고 핵심 소재와 주제, 요지를 파악하는 연습이 필요한데 이 역시 영어 단어를 외우고 문장을 해석하는 것만으로 되지 않지요.

영어 문해력은 단순히 영어를 잘한다는 뜻이 아닙니다. 글을 쓴 사람이 전달하고자 하는 정보와 의도를 잘 파악하고, 그에 대한 응답과 반응을 잘 할 수 있어야 합니다. 이것은 우리글을 잘 읽고 맥락을 잘 파악하는 능력과 비슷합니다. 우리말로 된 글을 이해하지 못한다면 영어로 된 글도 마찬가지라는 거죠. 국어 영역의 점수가 낮은 학생이 영어 영역의 점수도 낮은 것처럼요. 우리글 이해가 높은 학생이 영어 지문 이해 능력도 뛰어나거든요.

추론을 잘하기 위해서는 글을 읽으면서 사고하는 과정, 모국어의 논리적인 사고와 모국어 문해력이 필요합니다.

결국 읽기와 쓰기다

읽고 쓰는 것은 정보를 얻고, 전달하고, 아이디어를 표현하는 기본적인 활동입니다. 시대를 막론하고 전 세계의 학교마다 반드시 습득해야 할 기본 능력, 3R(읽기Reading, 쓰기wRiting, 셈하기 aRithmatic)에 '읽기와 쓰기'가 포함된 건 우연이 아니지요.

예전에는 3R이 학교의 학습 능력으로 중요하게 여겨졌지만, 요즘은 학교 졸업 이후에도 필요한 능력이라는 인식이 강해졌습니다. 오히려 사회생활에서 다양한 매체의 텍스트를 읽고, 자기 생각을 표현하는 능력이 필요하게 된 거죠.

사회에서 만나는 수많은 문제를 해결하고, 그 해결을 위해 비판적인 사고와 의사소통 능력을 키우는 데는, 무엇보다 읽고 쓰는 역량이 중요합니다.

미래 사회에 필요한 능력, 글쓰기

많은 전문가가 미래 사회에 인간이 갖추어야 할 기술로 '글쓰기'를 꼽습니다. 기술이 발전하고 다양한 매체가 생겨나고 있지만 결국 인간은 텍스트로 의사소통합니다. 생각해보세요. 우리는 전화보다 문자나 SNS 메시지를 더 많이 사용합니다. 업무에서도 메신저나 이메일을 이용하고요. 예전처럼 손으로 일기를 쓰지는 않지만, 개인 SNS로 일상을 기록합니다. 뉴스 기사나 영상 콘텐츠에 댓글로 생각과 의견을 표현합니다. 글이 길든 짧든, 글을 쓰는 직업이든 아니든 우리는 매일 글을 읽고 씁니다.

서울대학교는 2017년부터 신입생을 대상으로 글쓰기 평가를 시작했습니다. 처음에는 인문대나 사회과학대 등 글과 관련된 전공의 신입생을 대상으로 시작했지만, 2022년에는 전체 단과대를 대상으로 평가가 확대되었습니다.

서울대학교가 글쓰기 교육을 확대하기 시작한 이유는 학생들이 영상에 익숙해짐에 따라 활자를 기피하면서 문해력이 떨어지고 있기 때문이었습니다. 대학 교육에서 요약이나 보고서 쓰기는 필수 역량인데 많은 대학생의 글쓰기 능력이 매우 부족했던 것이

중등 문해력의 비밀

죠. 서울대학교는 신입생의 글쓰기 능력 평가 결과를 바탕으로 학술적인 글쓰기의 기초를 위한 커리큘럼을 제공할 것이라고 합니다.

학생들에게 글쓰기 교육을 하는 것은 비단 서울대학교만이 아닙니다. 미국 최고 명문대 하버드대학교의 글쓰기 강의와 평가는 유명한데요. 자기 생각이나 주장을 조리 있게 글로 표현하는 능력은 대학 생활뿐만 아니라 사회적으로도 성공을 좌우하는 열쇠가 되기 때문이죠. 실제 졸업생을 대상으로 한 설문조사에서 "하버드에 다니면서 어떤 수업이 가장 도움이 되었나요?"라는 질문에 응답자의 90퍼센트 이상이 '글쓰기 수업'이라고 대답했다고 합니다.

학교를 졸업했다고 해서 학습이 끝나지는 않습니다. 새로운 정보가 쏟아지고 경험하지 못했던 세상을 살아가려면 평생 배움의 끈을 놓지 말아야 하는 시대입니다. 그 방법이 바로 읽기입니다. 읽기를 통해 지식과 배움을 얻었다면 자기 생각을 정리하고 실제 생활에 활용해야 합니다. 읽기로 얻은 지식을 내면화하고 통합하여 자기 아이디어를 표현하는, 글쓰기가 필요한 시대입니다.

정보를 구성하고 자기 생각과 의견을 표현하기 위해서 모국어 글쓰기뿐 아니라 글로벌 언어인 영어로 글쓰기가 미래의 중요한 능력이 될 것은 너무도 분명한 일이지요.

글쓰기의 비법은 읽기

제시된 주제 중 하나를 골라 영어로 글을 쓰는 수행평가를 했던 적이 있습니다. 당시 채점을 담당했던 원어민 선생님이 한 학생의 글을 읽으면서 웃는 것이었습니다. 이유를 묻자, 채점하던 답안지를 건네주었습니다.

'나의 콤플렉스'에 관한 주제를 골라 쓴 글이었습니다. 뒤통수가 납작해서 다른 아이들처럼 예쁘게 머리를 묶을 수 없고 모자도 어울리지 않아 속상하다는 내용이었습니다. '뒤통수'라는 단어를 정확하게 쓰진 못했지만, 그 단어를 설명하고 상황을 묘사하는 방법이 재미있다고 했습니다. 문법적 오류가 있고 어색한 문장이 있긴 했지만, 자신의 콤플렉스를 솔직하게 쓰고 그 의미를 전달한 뒤통수가 납작한 그 아이는 수행평가 최고의 점수를 받았습니다.

그런 사실을 학생의 담임선생님에게 말했더니, 그 아이는 아침 자율학습은 물론 쉬는 시간과 점심시간에도 항상 책을 읽는다고 했습니다. 게다가 국어 글쓰기 시간에 기발한 글을 잘 쓴다고 합니다. 그 나이에 맞는 정서와 솔직함을 가지고 있다면서요. 국어뿐 아니라 다른 과목의 수행평가를 준비할 때도 자료 조사를 많이 하고 글의 요점을 잘 파악하고 정리하여 글쓰는 능력이 탁월한 학생이었습니다. 과목을 막론하고 모든 과제의 점수를 잘 받는 우등생이었죠.

좋은 글은 좋은 읽기에서 나옵니다. 아무리 정확하고 완벽한 철자와 어휘를 사용한다고 하더라도 중요한 것은 내용입니다. 단어를 외우고 문법 형식만 안다고 해서 쌓을 수 있는 실력이 아니죠. 오랜 시간 양질의 독서 과정이 있어야 글이 나올 수 있습니다.

많이 읽으면 다양한 쓰기 형태나 단어, 문장은 물론 새로운 아이디어를 얻을 수 있습니다. 아무리 상상력이 뛰어나더라도 머릿속에 아무것도 없는 상태라면 아무것도 상상할 수 없거든요. 우리가 역사에 대한 지식이 있기 때문에 '만약에 내가 중세 시대에 살았더라면', '세종 대왕이 한글을 창제하지 않았더라면'과 같은 상상을 할 수 있는 것처럼요. 책을 통해 내가 몰랐던 세계, 생각해보지 않았던 관점을 경험할 수 있습니다. 이런 경험은 글쓰기의 소중한 자원이 되지요.

수행평가 비중이 높아지는 이유

수행평가를 하는 이유도 바로 여기에 있습니다. 사실 평가라고 하면 시험, 테스트를 떠올립니다. 시험은 정확하며, 공정해야 하므로 답이 정해져 있어야 한다고 믿지요. 지식을 제대로 알고 있는지 묻는 문제에 정확한 답을 고르는 것이 시험이고 '제대로 된 평가'라고 생각합니다. 하지만 이러한 평가만으로는 학습한 지식을 제대로 확인할 수 없습니다. 또한 미래 사회의 구성원으로 살아가는 데 크게 도움이 되지 않습니다.

계산기와 컴퓨터가 없던 시대에는 계산을 빠르고 정확하게 하는 게 중요했지만, 지금은 그 계산보다 상황에 맞는 수학적인 사고를 하는 교육을 지향합니다. 역사적 사건이 일어난 시기가 중요했다면, 지금은 그 사건이 발생하게 된 배경을 바라보고 당시 시대의 상황을 현재에 비춰보는 안목이 중요하고요.

　그렇게 도입된 평가 방법이 수행평가Performance Assessment입니다. 학교 내신에서 차지하는 비율과 중요성이 점점 높아지고 있습니다. 수행평가는 배운 지식을 활용하여 문제를 해결해 나갈 수 있는 능력을 평가하기 때문에 답이 하나로 정해져 있지 않습니다. 게다가 사고하고 행동하는 과정까지 있어서 대충 기억하거나 운으로 답을 쓸 수 없습니다. 예전에는 현재완료의 형태와 용법을 외웠다면, 지금은 문법 지식을 활용하여 문장을 쓰거나 말하는 것을 평가하는 거죠.

　세계경제포럼에서는 미래 인재가 갖추어야 할 핵심역량으로 4C, 비판적 사고력Critical Thinking, 창의력Creativity, 협업 능력Collaboration, 소통 능력Communication을 제안했는데요. 필요한 정보를 스스로 찾아 비판적으로 읽어 낼 수 있는 능력, 정보를 종합하여 새로운 아이디어를 제안하는 능력, 아이디어를 공유하고 상대방에게 전달할 수 있는 협업과 소통 능력이 필요합니다. 이러한 역량들은 기존 지식을 단순히 암기하고 정답을 선택하는 학습 방법과 시험만으로 기를 수 없습니다. 요즘 학교에서는 선택형 시험을 치는 교과목 수가 줄어들고 있습니다. 체육 교과인데 스포츠와 관련된 책을 읽고 내용을 정리하거나, 음악을 듣고 악기의 종류와 느낌을 씁니다. 현재형 동사를 암기하고 문제를 푸는 것에 끝나는 것이 아니라 자신의 평소 일상을 영어로 쓰고, 그것을 말하게 하지요. 교과의 내용을 이해하는 것을 넘어 자신의 언어로 표현하는 수행평가가 늘어나고 있습니다.

전 과목에 걸친 쓰기 평가

영어 전체 평가에서 중요한 영역은 Reading(읽기)과 Writing(쓰기)입니다. 지필고사에서는 읽기, 수행평가에서는 쓰기의 비중이 높습니다. 읽고 쓰기는 영어 학습의 기초입니다. 영어로 된 글을 제대로 이해하고, 중심 생각을 추론할 수 있는지를 지필 시험(선택형)으로 평가합니다. 이렇게 얻게 된 정보와 지식으로 자신의 경험과 생각을 수행평가(서술형, 논술형)에서 글로 표현하는 거죠. Speaking(말하기)도 표현하는 영역이지만 쓰기 비중이 높은 이유는 말을 하려면, 먼저 자기 생각을 정리하는 과정이 필요하기 때문입니다. 그 과정이 바로 쓰기입니다. 정치인이나 강연자들이 아무리 머릿속에 지식이 많다고 해서 준비 없이 말하지 않습니다. 미리 원고를 작성하고, 읽고, 고치는 과정을 거칩니다.

명료하고 정확한 생각을 전달하기 위해서는 내용은 물론 문법에 맞는 문장을 써야 합니다. 주어와 서술어가 제대로 호응하지 않거나 오탈자나 비속어가 있는 글은 잘 읽히지 않거든요. 문법 지식을 제대로 확인하기 위해서 5개의 선택지 중 고르게 하는 것이 아니라 그 형식을 활용하여 글을 쓰는 것이 제대로 된 평가입니다. 자기 경험과 생각이 녹아 있는 글을 쓰게 한다면 더욱 정확하게 문법 지식을 확인할 수 있지요. 게다가 개인의 의미 있는 내용이 담겨 있기 때문에 실생활과 연관이 되어 있습니다.

영어 수행평가가 그렇습니다. '나의 소개'라고 해서 그냥 이름과 소속, 취미 정도로 말하는 것을 평가하지 않습니다. 자신이 가진 특별하고 유일한 점, 자신만 나타낼 수 있는 경험을 생각해보고, 자신을 친구들 앞에 서서 바른 자세와 명확한 발음으로 소개합니다. 수업에서 배운 문법 형식을 정확하게 사용하는 것도 평가 요소지요.

쓰기 수행평가는 국어나 영어 같이 언어 과목에만 국한되어 있지 않습니다. 역사, 도덕, 사회는 물론 음악, 미술, 체육까지 그 영역에 대한 지식을 배우고, 관련 책을 읽으면서 지식을 재구성하거나 자기 생각을 표현하는 글쓰기 평가를 하고 있습니다.

쓰기는 전반적인 능력을 향상하고 확인할 수 있는 평가 방법입니다.

중등 문해력의 비밀

문해력을 위한
중등 영어 교재 로드맵

상담 때마다 부모님들이 꼭 질문합니다.

"영어 공부 어떻게 하죠?"

"어떤 영어 교재가 좋은가요? 우리 아이 수준에 맞는 영어책 좀 추천해 주세요."

중학교 아이들의 수준은 그야말로 천차만별입니다. 모든 과목이 그렇지만 영어는 더욱 그렇습니다. 중학생이지만 알파벳은 물론 기초 단어를 읽지 못하는 아이부터 토익, 토플 등 각종 공인 영어시험에서 만점에 가까운 점수를 받은 아이가 한 반에 있거든요. 교과서를 제대로 읽지 못하는 중학교 3학년, 고등학교 수준의 지문을 거뜬히 읽어내는 중학교 1학년도 있습니다. 그래서 학년만 보고 교재나 책을 추천하기란 어렵습니다.

영어 교재는 무엇보다 읽기에 쉬운 것이 좋습니다. 남들이 좋다는 교재를 바로 선택하기보다 직접 훑어보고 골라야 하고요. 솔직히 요즘은 유난히 뛰어난 교재도 못난 교재도 없어요. 구성이나 내용, 유형이 비슷합니다. 가장 좋은 교재는 아이 수준에 맞고 스스로 풀어낼 수 있는 교재입니다.

이렇게 말하면 부모님은 다시 묻습니다.

"선생님은 무슨 교재 사용하시나요? 선생님 자녀가 쓰는 교재라도 추천해 주세요."

여러분이 가장 궁금해 하시는 제가 학교에서 학생들에게, 가정에서 내 아이를 위해 사용하는 교재를 소개하겠습니다. 하지만 참고만 하고 꼭 아이가 직접 살펴보고 사길 바랍니다.

1. 학교 영어 교재

학교 수업의 기본은 교과서입니다. 그리고 교사가 제공하는 모든 학습지도 중요합니다. 시험에 나오는 기본 자료거든요. 내신을 위해 가장 좋은 교재는 교과서와 수업 시간에 한 학습지입니다. 하지만 교과서에는 문제가 다양하지 않기 때문에 문제집을 풀면 도움이 됩니다. 교과서를 제대로 이해했는지 확인하고, 문제 유형을 익힐 수 있으니까요.

문제집은 영어 교과서의 출판사와 저자가 같은 것을 삽니다. 문법과 의사소통 표현은 비슷하지만 시험의 많은 부분을 차지하는 본문은 교과서마다 다릅니다. 본문 내용이나 표현과 관련된 문제는 같은 출판사와 저자가 집필한 문제집으로 풀 수 있습니다.

교과서에 있는 듣기 음원을 해당 출판사 홈페이지에서 무료로 내려받을 수 있는데요. 중학교 과정에서는 교과서에 있는 대화 표현이 수행평가나 지필고사에 나올 수 있으므로 문제집을 구매하지 않더라도 음원만큼은 저장해 두어야 합니다. 교과서 맨 뒤에 해당 대화의 대본도 있으니 같이 보면서 공부하면 좋습니다.

자습서는 필수는 아니지만 가정에서 부모님이 지도하거나, 아이가 수업 시간에 이해가 되지 않은 부분을 자세히 알고 싶어 할 때 활용하면 좋습니다.

출판사	홈페이지	출판사	홈페이지
(주)금성출판사	text.kumsung.co.kr	다락원	textbook.darakwon.co.kr
동아출판(주)	www.bookdonga.com	(주)미래엔	www.mirae-n.com
(주)비상교육	textbook.visang.com	(주)지학사	www.jihak.co.kr
(주)NE능률	www.nebooks.co.kr	와이비엠	www.ybmbooksam.com
(주)천재교육	www.chunjae.co.kr	저자가 달라도 같은 출판사는 홈페이지가 동일합니다.	

2. 어휘 교재

단어는 영어 공부의 기본입니다. 단어를 기계적으로 암기하기보다 독서를 통해 자연스럽게 익히는 것이 좋다고 합니다. 너무 좋은 방법이죠. 우리가 국어를 배울 때 어휘집을 만들어서 외우지 않아도 무리 없이 책을 읽고 글을 쓰니까요. 하지만 너무 비효율적이고, 영어 환경이 아닌 우리나라에서는 현실적으로 힘든 방법입니다. 물론 아이가 영어 단어를 자연스럽게 익힐 때까지 학교와 수능 영어 성적에 연연해하지 않고 아주 길게 목표를 가지고 있다면 괜찮습니다.

학교 수업과 시험, 수능을 위한 영어 공부가 필요하다면 단어만큼은 교재를 사서 매일 외우길 권합니다. 단어 암기는 왕도가 없습니다. 반복해서 외우는 것 밖에요. 기본 의미를 암기하고, 교과서에서 만나는 예문과 지문으로 그 단어의 쓰임과 활용을 이해해야 합니다. 그리고 직접 나의 문장으로 쓸 수 있어야 합니다.

서점에는 '중학 기본 영단어'와 같은 교재가 많습니다. 영어과 교육과정에서 중학교는 초등 600개를 포함하여 1,500개를 제시하고 있으니, 중학교 어휘는 1,000개 내외로 예상하면 됩니다. 어휘 교재는 여러 권을 구입하는 것보다, 아이가 끝까지 해낼 수 있는 교재를 직접 골라 열심히, 여러 번 공부하는 것이 좋습니다.

중등 문해력의 비밀

어휘 교재

뜯어먹는 중학 (기본) 영단어 1200/1800 동아출판	• 60일 완성으로 1일 20~30개씩 구성 • 매일 공부량을 정할 수 있는 것이 장점 • 교재 이름대로 뜯어먹는 것처럼 미니 영어사전 부록
우선순위 영단어 시리즈 비전	• 이름처럼 영어과 교육과정에 나오는 단어 중 출제 빈도가 높은 단어 순서로 배열 • 한 단어에 꼭 필요한 1~2개 뜻만 수록한 것이 장점 • 관련 숙어는 물론 음원 파일을 출판사 홈페이지에서 무료로 다운로드 할 수 있음
Wordly Wise 3000 시리즈 Educators Publishing Service	• 대표적인 원서 어휘 교재로 유치원부터 고등학교까지 단계별로 어휘력과 독해력을 발달시킬 수 있도록 구성 • 다양한 주제의 지문이 수록되어 있어 자연스럽게 단어 의미와 문장을 만날 수 있다는 점이 장점 • 영어 원서 학습서의 특징상 답안지는 따로 사야함
4000 Essential English Words 시리즈 Compass Publishing	• 총 6권으로 구성된 원서 어휘 교재 • 사용 빈도 높은 핵심 어휘로 초급부터 고급 단계까지 구성 • 문어체는 물론 구어체에서 사용되는 단어까지 폭넓게 다룬 점이 장점

3. 읽기(독해) 교재

저는 학교 교과 수업은 물론 학교 방과 후 수업이나 집에서 제 아이를 지도할 때에도 독해만으로 구성된 교재를 거의 사용하지 않습니다. 중학교 수준에서 정독Intensive reading은 교과서만으로 충분하고, 독해 교재보다는 영어 독서를 통한 폭넓은 읽기Extensive reading가 필요하다고 생각하기 때문이에요. 읽기 방법을 크게 다독과 정독으로 나누는데요, 영어에서는 많은 양의 텍스트를 읽는 즐거움과 일반적인 정보를 얻기 위한 읽기는 다독, 자세한 내용이나 언어 습득을 위한 집중적인 읽기를 정독이라 구분합니다.

영어 그림책이나 동화책을 읽는 것은 내용을 이해하고 읽기의 즐거움을 얻기 위해서니 다독입니다. 학교 영어 수업은 길지 않은 교과서 텍스트, 본문을 가지고 단어와 표현을 분석하고, 정확한 해석을 요구하니 정독으로 볼 수 있습니다.

대부분 독해 교재는 문단이 짧고, 읽기보다 문제 유형을 익힐 수 있게 구성되어 있어 지나치게 지엽적인 부분만 보게 됩니다. 읽기는 내신은 물론 수능, 나아가 대학에서 전공까지 이어지기 때문에 길고 다양한 주제의 영어를 읽는 연습이 필요합니다. 바로 영어 독서지요.

다만, 영어 교과서 본문을 스스로 해석하지 못하거나, 배우지 않은 영어 지문을 혼자 읽기 두려워한다면 독해 교재가 도움이 될 수 있습니다. 영어 해석은 잘하지만, 책을 읽지 않아 교재로라도 꾸준히 읽기가 필요하다면 비교적 긴 지문(한 페이지 이상)이 있는 교재도 괜찮습니다. 독해 교재 역시 단계와 수준이 다르므로 아이가 직접 훑어보고 살 것을 추천합니다.

읽기 교재

리딩바이트 **Reading Bite Grade** **시리즈** 미래엔에듀	• 3권으로 구성된 단계별 독해서 • 독해의 기본인 의미 단위 끊어 읽기, 주어 동사 찾기를 반복 연습 • 독해 문제 유형별로 정리되어 있어 시험에 익숙해질 수 있음
EBS **My Reading Coach** **시리즈** 한국교육방송공사	• 교육과정 성취 기준에 근거한 선다형, 서술형, 논술형 문항 수록 • 하루 2개 지문, 다양한 주제의 글을 읽을 수 있도록 구성 • 지문별 QR 코드를 통해 원어민 음성을 들을 수 있으며 EBS 중학 사이트에서 강의를 무료로 시청할 수 있는 것이 큰 장점
Bricks Reading **시리즈** 사회평론	• 대표적인 원서 독해 시리즈로 주제가 다양하고 단계별로 어휘수와 읽기 레벨이 체계적으로 구성되어 있음 • Bricks Reading 100 - 3권 구성, 일상 주제의 간단한 이야기로 되어 있으며 중학교 1학년 1학기 본문 수준 • Bricks Reading 150 - 3권 구성, 지문이 길어지며 중학교 1학년, 2학년 1학기 본문 수준으로 지문이 길어짐. 이야기를 구조화할 수 있는 문제 수록 • Bricks Reading 200 - 3권 구성, 중학교 3학년 교과서 수준, 다양한 배경지식이 필요한 주제의 지문이 많음
Subject Link **시리즈** NE_Build & Grow	• 총 9권으로 초등학교 3학년~중학생 수준까지 구성 • 하나의 주제를 가지고 다양한 교과 과정을 학습 할 수 있음 • 주제별 배경지식과 교과별 주요 어휘를 익히기 좋음

4. 문법 교재

"문법이 가장 어려워요. 어떻게 해야 할지 모르겠어요."

학생들과 학부모로부터 가장 많이 받는 영어 공부 질문은 바로 문법입니다. 저는 공립중학교의 교사로서 늘 이렇게 대답합니다.

"중학교 교과서에 있는 문법으로 충분해요."

다들 제 대답에 허탈한 표정이지만, 정말입니다. 중학교 1~3학년 교과서에 영어 구조와 중요한 문법이 다 나옵니다. 고등학교는 단어와 표현이 늘면서 지문의 난도가 올라가서 어려운 거지 중학교의 문법과 크게 다르지 않습니다. 고등학교 내신에서 문법이 어렵다고 느끼는 건 문법 내용이 달라져서가 아닙니다. 중학교는 시험 범위에 해당하는 문법 두세 가지 정도만 나오지만, 고등학교에서는 중학교 때 배운 모든 문법이 무작위로 다 나오기 때문입니다. 두 자리 사칙연산, 세 자리 사칙연산, 사각형, 삼각형, 원 차례로 하나씩 단원평가에만 나오던 초등 수학 시험이 중학교에서는 모든 수학 지식을 활용한 시험이 나오는 것과 같습니다.

문법이 어렵게 느껴지는 다른 이유는 무엇보다 쓰임을 제대로 이해하지 못했기 때문입니다. 학생들에게 "수동태가 뭐지?"라고 물으면, 거의 "당하는 거요. be 동사+p.p요."라고 답합니다. 기본 개념과 수동태의 형태는 알지만 왜 쓰는지, 언제 쓰는지는 전혀 모릅니다. 그러니 배운 이후에는 쉽게 잊어버릴 수밖에요. 문법 요

문법이 쓰기다 시리즈 키 영어학습방법연구소	• 중학교 교과서에 수록된 문법을 학년별(단계별)로 구성 • 기계적인 반복분 아니라 교정, 배열, 문장 쓰기로 문법을 익힐 수있게 구성
Grammar Inside NE능률 영어교육연구소	• 교과서 문법 순으로 구성 • 문법 요소를 다양한 쓰기 연습으로 학습하도록 구성 • 학교 시험과 유사한 유형의 문제와 고난도 어법 문제 • 첫 단원에 문법 용어가 수록되어 있는 것이 장점

중학 영문법
3800제
 	
마더텅
	• 모든 중학교 영어 교과서에 나와 있는 문법 요소 수록
	• 1, 2, 3학년의 단원은 동일하지만 난이도가 달라지는 것
	  이 특징
	• 내신 대비나 반복적인 문법 문제 연습이 필요할 때 적합
	  한 교재

Grammar Workshop SADLIER	• 읽기와 쓰기를 통해 문법을 적용할 수 있게 구성 • Teacher's Guide를 따로 사야 하는 것이 단점이지만 풍부한 온라인 자료를 같이 사용할 수 있음

소가 어느 상황에서 사용하는지 이해하고, 자신의 상황에 적용해서 쓸 줄 알아야 합니다.

문법 교재는 문법 형식을 나열하고 문제만 나오는 교재보다는 '쓰기' 활동이 함께 있는 교재를 추천합니다. 3~4단계로 되어 있는 책은 심화 문법을 익히기에 좋습니다. 문법 교재는 내용이 비슷하기 때문에 여러 권 구입하기보다 같은 시리즈의 책을 구입해서 여러 번 보면서 쓰임과 형식을 암기하는 방법을 추천합니다.

5. 쓰기 교재

영어의 4가지 영역인 말하기, 듣기, 읽기, 쓰기 중 어느 것 하나 중요하지 않은 영역이 없습니다. 한 영역만 분리해서 공부할 수도 없고요. 그런데 중학교 내신에서 유난히 비중이 높아지고 있는 영역이 있습니다. 바로 쓰기입니다.

지필고사에서는 단어나 짧은 한두 문장을 쓰지만, 수행평가에서는 100단어 내외의 주제가 있는 글을 쓰기도 합니다. 말하기 평가를 할 때도 무작정 앞에 나와서 말하기를 하지 않고 영어로 원고를 준비한 후 암기한 것을 평가합니다.

학교 수업에서 문장 쓰기 연습을 하기는 하지만, 사실 그것만으로는 부족합니다. 수업 시간에 배운 문법을 바탕으로 스스로 자신만의 문장을 만들어 쓰는 연습이 필요합니다. 문법을 활용하기가 어렵다면 교과서 문장을 베껴 쓰면서 문장 구조를 익혀야 합니다.

쓰기 교재는 학교에서 배우는 문법과 관련된 것이 좋습니다. 문법 교재에 쓰기 활동이 많다면 따로 구입하지 않아도 됩니다. 단답형이나 짧은 문장 쓰기가 반복되어 지겹거나 너무 쉽게 느껴진다면 읽기(독해)와 함께 있는 쓰기 교재를 선택하세요. 주로 원서 쓰기 교재가 그런 편입니다. 서술형 문항이 많아지면서 다양한 쓰기 유형을 풀 수 있는 교재도 있으니 참고하세요.

중등 문해력의 비밀

쓰기 교재

중학 영어 쓰작 **(1, 2, 3)** 쎄듀	• 중학교 13종 교과서에 담긴 문법, 어휘 뿐 아니라 의사소통 표현까지 문장 쓰기 연습으로 3단계(3학년) 구성 • 실제 학교 서술형 문제 유형처럼 구성되어 내신 대비 가능
수행평가 되는 **중학 영어 글쓰기** **(1, 2, 3)** A List	• 문법 구조와 의미 단위로 쓰기부터 글 속에서 활용하여 쓰는 단계까지 구성 • 묘사하기, 오류 수정하기, 필사하기 등 다양한 쓰기 활동 연습 • 글쓰기 수행평가의 유형이 많은 것이 장점
Write Right NE_Build & Grow	• 문단 쓰기(1권)부터 문단 특징에 따른 글쓰기(2권), 에세이 쓰기(3권)까지 다양한 장르와 주제로 구성 • 체계적이고 단계적으로 글을 완성할 수 있게 하는 점이 장점
Great Writing Cengage Learning	• 영어 문장의 기본 구조부터 주제문, 뒷받침 문장, 문단, 글까지 이어지는 체계적 구성 • 각 목표마다 6단계로 되어 있는 것이 특징 • 내셔널지오그래픽 콘텐츠가 예시 문장으로 나오며 글쓰기에 관한 명확한 설명이 돋보임

영어 문해력을 위한
원서 읽기

중학교는 모든 교과목에서 읽기가 기본이고 중요합니다. 국어, 영어는 물론이고 사회, 과학, 도덕, 역사 등 모든 교과서에 글의 양이 많아지지요. 본격적으로 다양한 분야의 텍스트 읽기가 시작되는 시기입니다. 영어도 마찬가지입니다. 말하기와 듣기가 중심인 초등 영어와 달리 중학교에서는 다양한 분야와 종류의 영어 글을 읽게 됩니다.

짧은 지문을 읽고 문제를 푸는 것으로만 영어 공부를 한 아이들은 정보가 명확하게 드러나는 글은 잘 읽어내지만, 맥락을 이해하거나 의도를 파악해야 하는 글은 잘 이해하지 못하는 경향이 있습니다. 주로 정보나 사실 중심의 짧은 문장이 대부분이던 영어 교과서에 요즘은 영어 단편 소설이나 그림책과 같은 스토리(이야기)도 많이 수록되어 있습니다. 이야기라 쉽고 재미있을 것 같지만 생각보다 이해하지 못하는 아이가 많습니다. 주인공이 왜 이러한 행동을 했는지, 결론의 의미가 무엇인지 설명해 줘야 '아하!' 하고 이해합니다. 텍스트에 전혀 감정이입을 하지 않고 선생님의 설명이나 해석에만 의존하다 보니 이런 현상이 발생하는 것입니다. 이런 부분은 일방적인 지도나 훈련만으로는 고치기 어렵습니다. 스스로 많은 책을 읽는 것밖에 방법이 없습니다. 영어책은 물론 우리말 책도 많이 읽어야 합니다.

수준에 맞는 영어책 고르기

영어는 무엇보다 수준에 맞는 책을 고르는 것이 좋습니다. 아무리 판타지를 좋아한다고 해서 중학교 교과서를 제대로 읽지 못하는 상황에서 『해리포터』 원서를 읽기는 쉽지 않죠. 또 유아가 읽는 그림책이라고 해서 무조건 쉽지도 않습니다. 단어가 어렵고, 텍스트가 교과서 본문보다 긴 그림책도 있으니까요.

앞서 소개했던 렉사일 지수나 AR지수로 영어책을 고르는 것도 쉽지 않습니다. 글의 종류에 따라 지수의 차이가 있거든요. AR 5 점대라고 해서 다 같은 것은 아닙니다. 소설과 비소설에 따라 단어 차이도 있고, 익숙한 분야와 그렇지 않은 분야에 따라서 독자가 어렵게 느끼는 정도도 다릅니다.

렉사일 지수에 따르면 전체 글의 75% 정도 이해하는 것이 독자의 수준에 적합하다고 하는데 이는 영어를 모국어로 읽을 경우입니다. 한국 사람이 한국어로 된 책을 읽는 데 100개의 단어 중 모르는 단어가 25개 정도 나와도 내용을 이해하는 데 별 무리가 없다는 거죠. 영어가 외국어인 아이들이 편하게 읽고 이해하는 수준은 100개 단어 중 모르는 단어가 5개 이내입니다. 적어도 90% 이상은 알고 있는 단어로 구성된 책이어야 합니다.

단어의 난이도뿐 아니라 텍스트의 길이(분량) 역시 읽기 수준에 영향을 줍니다. 길이가 바로 '단어 수'인데요. 같은 50페이지 책이라고 하더라도 글자 크기나 삽화 여부에 따라 책에 담긴 단어 수가 다릅니다.

이 모든 것을 확인하려면 직접 보는 것이 좋겠죠. 요즘 공공 도서관에는 영어 원서가 따로 배치되어 있습니다. 온라인에서 미리보기를 통해 검색한 도서를 도서관이나 서점에서 직접 훑어보고 확인해 보세요.

교과서를 기준으로

영어 교과서를 기준으로 영어책을 고르는 방법도 있습니다. 교과서 일부를 분석한 결과이기 때문에 완벽하다고 할 수 없지만 어느 정도 영어책을 고르는 데 도움이 될 수 있습니다.

중등 문해력의 비밀

Lexile 지수에 의한 중고등학교 영어 교과서 읽기 난이도

학년	읽기 난이도
중학교 1	300L ~ 500L
중학교 2	500L ~ 700L
중학교 3	700L ~ 900L
고등학교 1	900L ~ 1100L
고등학교 2	1100L ~ 1200L
고등학교 3	1100L ~ 1230L

출처: 『당신의 영어는 왜 실패하는가?』 이병민 저 303쪽

미국 학생들이 학년별 읽기 능력 지수와 읽기 능숙도

미국 학년	읽기 능력 지수 (하위 25% ~ 상위 75%)	분당 읽기 속도
1	200L ~ 400L	80단어
2	140L ~ 500L	115단어
3	330L ~ 700L	138단어
4	445L ~ 810L	158단어
5	565L ~ 910L	173단어
6	665L ~ 1000L	185단어
7	735L ~ 1065L	195단어
8	805L ~ 1105L	204단어
9	855L ~ 1165L	214단어
10	905L ~ 1195L	224단어
11 & 12	940L ~ 1210L	237 ~ 250단어

출처: 『당신의 영어는 왜 실패하는가?』 이병민 저 323쪽

선생님의 설명 없이 교과서 본문을 읽으면 아이의 영어 수준을 예상할 수 있습니다. 중학교 1학년 교과서 본문을 쉽게 읽을 수 있으면 렉사일 500L 이내, AR 2~3점대 수준의 영어책을 고릅니다. 수준보다 높은 책보다는 낮은 책을 많이 읽는 것이 좋습니다.

AR지수가 6이 넘으면 지수에 크게 신경을 쓰지 않고 책을 선택할 수 있습니다. 유치원, 초등학교 시절 책을 많이 읽어서 독서 수준이 높은 중학생이라면 자신이 좋아하는 책을 마음대로 골라 읽을 수 있는 수준이 되는 것과 비슷하지요.

아이가 특별히 좋아하는 주제나 관심사가 없다면 이 역시 영어 교과서에 나오는 주제를 참고할 수 있습니다. 교과서에는 문학, 예술, 과학 전반의 주제 글이 있습니다. 본문을 읽어보고 흥미가 생기거나 더 알고 싶은 주제가 있다면 찾아볼 수 있겠죠.

중학교 3학년 영어 교과서(천재교육, 정사열)에 '히든 피겨스Hidden Figures' 영화 감상문이 있습니다. 이 본문에 흥미가 생겼다면 책 『Hidden Figures』를 읽을 수 있고, 나아가 흑인 인권에 관한 원서 『Martin Luther King. Jr.』, 『The Bus Ride』 등을 읽어도 좋습니다. 같은 주제의 책을 여러 권 읽으면서 지식을 확장함은 물론 반복되는 단어와 표현도 익힐 수 있거든요.

시리즈로 도전

저는 아이들에게 시리즈로 원서를 접하게 합니다. 제가 말하는

Oxford Reading Tree
- 1~12단계까지 수준으로 세분화되어 있고, 그림만으로 상황을 유추할 수 있는 이야기가 많음
- 주인공 가족을 중심으로 일상생활의 소재가 다양함

Fancy Nancy
- 미국 초등학생의 일상을 나타낸 시리즈
- AR 1~2점대이지만 제법 어려운 어휘가 나오고 주인공이 상황에서 설명하는 부분이 있어 자연스럽게 어휘를 익힐 수 있는 것이 장점

Arthur
- AR 2~3점대 수준으로 아서와 가족들의 일상이 잘 나타나 있음
- 남매, 학교, 가족 이야기에서 일상적인 영어 어휘를 많이 만날 수 있는 것이 장점

'시리즈'는 주인공이 동일한 것을 말하는데요. 주인공과 그 주변의 인물에 익숙해지면 이야기가 달라져도 익숙한 느낌이 들기 때문이죠.

먼저, 리더스북입니다. 리더스북은 읽기 연습을 목적으로 만들어진 책입니다. 미국 초등학교 저학년이 읽는 수준이라 우리나라 초등 고학년이나 중학교 1학년이 읽기에 적합한 수준이지요.

가장 쉽게 접근할 수 있는 책은 『옥스퍼드 리딩 트리』입니다. 우리나라에서는 ORT로 많이 알려졌지요. ORT는 영국 옥스퍼드 출판사에서 유아 및 초등 어린이들의 읽기 능력 향상을 위해 만든 교재로, 실제 영국 초등학교에서도 많이 사용하고 있습니다. 글이 전혀 없는 그림책 단계인 1단계부터 챕터북 형식의 12단계까지 있습니다. 수준에 맞는 책을 따로 고르는 고민 없이, 단계만 지켜 꾸준히 읽기만 해도 효과를 볼 수 있지요. 부모와 세 자녀, 그리고 반려 강아지의 일상을 그린 책인데다 짧은 일화지만 반전이 있어 재미있습니다.

리더스 중 주요 캐릭터의 다양한 이야기가 있는 시리즈도 추천합니다. 토끼, 곰, 강아지, 고슴도치 등 동물이 주인공인데 주제는 거의 비슷합니다. 가정에서의 일상은 물론 유치원이나 학교생활, 생일 파티, 크리스마스, 핼러윈, 여행 등 영어권 나라의 생활 전반에 관한 이야기가 많습니다.

두 번째로 챕터북입니다. 리더스북에 비해 글이 많고 챕터로 이뤄져 있습니다. 미국 초등 3학년 전후로 읽으며 우리나라 중학생 2학년 전후 수준으로 보면 됩니다. 주제는 일상부터 모험, 판타지, 추리물 등이 있어 좋아하는 장르를 골라 읽을 수 있습니다. 경험

중등 문해력의 비밀

Magic Tree House
- 상상을 자극하는 모험 이야기로 전 세계에 4,000만부 이상 팔린 베스트셀러이다. 공룡부터 중세 기사에서 미라까지 다양한 소재로 소설의 재미와 교양서의 지식을 모두 가지고 있다는 평을 받고 있다. 역사, 과학, 사회 등 중학교에서 배우는 과목과 연관이 있어 중학생이 쉽게 읽을 수 있다.
- 1부 : 1~28권, 2부 : 29~55권
- Lexile : 140~910L

Diary of a Wimpy Kid
- 초등학교 6학년인 그렉 헤플리가 자신의 모험을 이야기하는 일기. 또래 아이의 장난과 공감할 만한 주제가 많아 재미있게 읽을 수 있다. 아이들이 쓰는 표현은 물론 기발한 언어가 영어의 재미를 더한다.
- 총 17권
- Lexile : 665~1195L

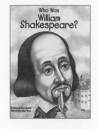

Who Was ……?
- 유명한 인물의 일생에 대해 쉽게 이해할 수 있도록 구성되어 있다. 중학교 수준의 어휘와 문장 구조로 되어 있으며 특히 중학교에서 배우는 세계사, 과학, 수학, 미술과 연관된 인물이 있어 배경지식을 얻을 수 있다.
- 100권 이상
- Lexile : 330~910L

Amber Brown
- Amber Brown이 겪은 다양한 일상생활의 이야기, 학교 생활, 친구 문제, 가정 문제 등으로 고민하고 혼란스러운 마음을 극복하는 과정이 잘 나와 있다.
- 시리즈별 권 구성 상이
- Lexile : 445~1000L

상 주인공이 같은 성별일 때 아이들이 더 몰입하고 공감하는 경향이 있는데요. 다루는 이야기나 주인공의 심리나 반응이 성별에 따라 달라서 그런 것 같습니다.

　마지막으로 작가별입니다. 제가 학교에서 원서 수업을 하거나 개인적으로 원서 모임을 진행할 때 선호하는 방법입니다. 앞서 말한 챕터북이 100페이지 전후 분량에 그림이 많다면, 작가별로 소개할 책은 200페이지 전후의 챕터북이거나 소설입니다. 삽화도 거의 없고요. 작가별로 책을 읽는다는 것은 한 작가를 정해서 그 작가의 작품을 5권 정도 읽는 것입니다. 그 이유는 한 작가의 작품을 읽다 보면 작가가 많이 사용하는 표현이 있습니다. 처음 읽을 때는 어려울 수 있지만 비슷한 분위기와 반복되는 단어와 표현이 있어 갈수록 쉽게 읽히는 느낌이 듭니다.

중등 문해력의 비밀

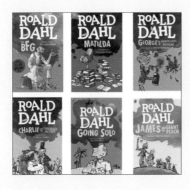

로알드 달 Roald Dahl

영국 동화작가, '가장 대담하고, 신나고, 뻔뻔스럽고, 재미있는 어린이 책을 만든 작가'라는 평을 받고 있다. 캐릭터가 다양하고 예상할 수 없을 만큼 스토리 전개가 빠르다. 예전에 쓰던 영국 단어와 작가가 만든 단어가 있어 다소 어려운 점이 있으나 작품을 여러 권 읽다 보면 자주 쓰는 표현이 있다. 대부분 책이 우리말로 번역되었으며 영화로 만들어진 작품이 있어 비교하면서 볼 수 있다.

앤드루 클레먼츠
Andrew Clements

미국의 동화작가. 교사 출신이라 현실적인 미국 학교생활 이야기가 많고, 아이들의 심리를 잘 보여준다. 우리나라 책으로 대부분 번역이 되어 있으며, 한국 학교생활과 비교하며 읽는 재미가 있다.

로이스 로우이 Lois Lowry

미국 작가로 입양, 홀로코스트, 정신질환, 암, 미래 사회 등 다양한 주제를 다루고 정체성과 인간관계에 대해 생각하게 하는 이야기가 많다. 두 번이나 뉴베리상을 수상했으며 우리나라말로 번역되어 많이 읽히고 있다.

영어 문해력을 높이는
5가지 습관

영어 문해력은 하루아침에 향상되지 않습니다. 몇 년씩 영어 공부를 해도 제대로 된 원서 한 권 읽지 못하고 영어로 이메일 쓰는 것도 두려운 게 현실이지요.

하지만 요즘은 교사인 저나 부모님이 자랄 때와는 많이 달라졌습니다. 다행히도 우리 아이들은 어릴 적부터 영어에 노출되었고, 외국에 가지 않아도 실제적이고 풍부한 영어 자료를 만날 수 있게 바뀌었지요. 문제는 습관입니다. 아무리 일찍 영어를 접하고, 주위에 영어 자료가 많다고 하더라도 영어 문해력은 저절로 높아지지 않습니다. 꾸준히 노력해서 습관이 되어야 합니다.

1. 영어 환경에 노출하기

아무리 주변에 영어 자료가 많고, 정보가 쏟아져도 직접 이용하지 않으면 소용이 없습니다. 남들이 좋다는 것을 해봐도 우리 아이에게 맞지 않을 수도 있고요. 또 중학생 정도면 아이한테 무엇을 권하기도 어렵습니다. 말도 꺼내기 전에 '싫은데요', '알아서 할게요'라는 퉁명스러운 반응이 나올 테니까요.

영어 라디오 활용

아침 준비를 하면서 영어 방송을 틀어 보세요. 바로 EBS 라디오입니다. 라디오가 없다면 애플리케이션을 활용할 수도 있습니다. 등교 준비를 하는 오전 7시부터 10시까지는 물론 집에 오는 시간 5시부터 7시까지 다양한 수준의 영어 방송을 합니다. 시청자들과 전화나 문자로 소통하고, 유튜브를 통해 실시간 방송 장면을 볼 수도 있습니다. 꼭 영어 공부가 아니더라도 좋아하는 팝송을 감상할 수 있어 부담 없이 흘려듣기를 할 수 있답니다.

원서와 친해지기

원서 책을 읽어보려고 해도 선뜻 사기는 쉽지 않습니다. 중학생이면 다 읽는다는 책을 덜컥 샀다가 아이의 원망은 물론 부모님도 읽기 쉽지 않은 책을 만나게 될 수 있으니까요. 가장 좋은 방법은 아이가 직접 보는 것인데요. 중고 서점이나 도서관 영어 원서를 한 번 훑어보세요. 아이가 원서를 읽어본 적이 없다면 한국어 번역본이 있는 책을 함께 사는 것도 방법입니다.

중학교 2학년 국어 교과서(미래엔)에 '개를 훔치는 완벽한 방법'이라는 작품이 소개되어 있습니다. 수업 시간에 배우고 우리말 책을 읽은 후 원서인 『How to steal a dog』을 읽으면 이해가 더 잘되겠죠. 알퐁스 도데의 '별', 오우 헨리의 '마지막 잎새' 역시 오랜 기간 국어 교과서에 실린 작품이고 단편이라 영어 원서로 친숙하게 접할 수 있습니다.

영어로 검색하기

영어로 검색하여 찾는 정보가 우리말로 찾는 것보다 훨씬 많습니다. 우리말 정보는 국내 정보에 한정되어 있지만 영어로 검색하면 영어 기반의 전 세계 정보에 접근할 수 있지요. 검색할 때 유창하고 완벽한 영어가 필요하지 않습니다. 단어나 키워드만으로 충분합니다.

수업과 관련된 영상 자료 역시 영어로 검색할 때 훨씬 많이 나옵니다. 제가 '불규칙 동사'를 가르칠 때 항상 이용하는 외국 자료가 있는데요. 'irregular verb'라고 검색해야 영어 기반의 자료를 찾을 수 있습니다. 학생들은 수업 시간에 봤던 영상을 집에서는 아무리 찾아봐도 나오지 않는다고 합니다. '불규칙 동사'라고 한

국어로 입력했기 때문이지요. 같은 검색어라도 영어로 검색할 때와 한글로 검색할 때 나오는 자료가 다릅니다. 한글로 검색하면 거의 불규칙 동사의 규칙을 설명하는 한국 선생님들의 강의 영상만 나옵니다.

아이가 좋아하는 노래, 게임, 영화를 영어로 검색하게 해보세요. 영어로 검색하는 습관은 다양한 고급 정보에 쉽게 접근할 수 있는 능력을 키우는 것입니다.

2. 꾸준한 읽기

우리말 책이라도 습관이 되지 않으면 집중해서 읽기가 어렵습니다. 하물며 외국어인 영어는 더욱 그렇겠지요. 매일 우리말 독서를 하듯 영어 독서까지 하기는 쉽지 않습니다. 짧게는 한두 개의 단어와 예문에서 길게는 A4 정도 분량의 영어 텍스트를 읽는 것이 좋습니다. 영어 단어를 외우고 구조를 익히는 데는 오랜 시간이 걸리지만, 배운 것을 잊어버리는 시간은 금방이니까요. 영어는 꾸준히 반복해야 합니다.

교과서 읽기

영어책이 없다고요? 그러면 영어 교과서를 보세요. 이미 배운 것도 혼자 다시 읽으면 다릅니다. 배우지 않은 부분을 읽으면 새로움과 기대도 생기고요. 교과서를 꼼꼼하게 읽는 것만큼 중학교 공부에 도움이 되는 것은 없습니다. 영어도 마찬가지입니다. 작고 얇은 책 안에 실제 원어민과 대화할 수 있는 표현과 상황이 있습니다. 이야기도 있고, 정보도 있어요.

교과서 이외에 영어 자료가 거의 없었던 시절에도 영어를 잘하는 사람들이 있었습니다. 그 사람들의 영어 정복 비법을 들어보면 공통점이 모두 '중학교 영어 교과서 본문 외우기'였다고 합니다. 눈으로 지문을 보면서 입으로 소리를 내고, 머릿속으로 내용을 생각하면서 표현을 외우는 거죠. 중학교 영어 교과서 본문이 대략 A4 한 장 분량입니다. 읽다 보면 관련 표현이나 내용은 들리기도 하고, 쓸 수도 있게 됩니다. 교과서 읽기는 중학교 영어 공부의 기본입니다.

매일 읽기

일주일에 한 권, 혹은 한 달에 두 권처럼 일정 기간 책의 권수로 읽기를 실천하기란 쉬운 일이 아닙니다. 한꺼번에 몰아 읽을 수도 있지만 금방 지칠 수 있고, 사정이 있으면 미룰 수 있기 때문이죠.

먼저 하루 10분이라도 정해보세요. 제가 담임을 맡으면 학급 학생들에게 꼭 시키는 활동이 아침 10분 독서인데요. 매일 10분 동안 책 읽기가 생각만큼 쉽지 않지만, 습관이 잡히면 꽤 많은 책을 읽을 수 있는 시간입니다. 처음에는 아이들이 멍하니 있기도 하고, 책을 뒤적이기만 하지만 한 달만 지나면 재미있는 책을 스스로 찾습니다. 독서 시간이 아침 10분에서 끝나는 것이 아니라 쉬는 시간, 점심시간, 방과 후 시간까지 이어지기도 합니다.

가정에서도 이 방법을 사용해 보세요. (물론 결코 쉽지는 않습니다.) 아침에 일찍 일어난다면 등교 전에 10분도 좋고, 자기 직전 10분도 좋습니다. 각자 가지고 있는 영어 교과서, 그림책, 문제집(문제를 풀지 않고 지문만 읽게 합니다. 독해 문제집에도 내용이 좋은 지문이 많거든요.) 등 영어 읽을거리를 가지고 소파에 앉아 온전히 10분의 몰입 독서를 하는 시간을 가지세요.

영상에 노출되는 만큼 텍스트도 접해야 한다

영상에 길든 아이들은 글 자체를 읽기 힘들어합니다. 영어도 그렇습니다. 궁금한 점이 있으면 설명보다는 영상부터 찾아보는 것이 더 익숙하니까요. 영상을 보는 것을 아예 금지할 수는 없습니다. 영상으로 자주 보는 주제가 있다면 관련 글을 읽을 수 있도록 도와주세요.

제 아이도 여느 중학생처럼 스마트폰을 손에서 놓지 않는데요. 저와 다르게 책을 잘 읽지 않습니다. 게다가 안타깝게도 영어는 더더욱 좋아하지 않습니다. 그러던 어느 날 1시간 넘는 분량의 게임을 봐야 한다며 저녁 식사를 하는 둥 마는 둥 하고 방에 들어가는 것이었습니다. 사춘기 아이는 그대로 두는 것이 미덕이라고 하죠. 마음에 들진 않았지만 내버려 두었습니다. 한참을 보고 나오더니 기분이 좋은지 게임 스토리에 대해 재잘재잘 이야기하기 시작합니다. 등장인물의 이름이 낯설지 않습니다.

"그거 '오즈의 마법사' 아니야?"

"어? 엄마, 어떻게 알아요?"

"유명한 책이니까 알지, 재밌는데 읽어볼래?"

"아……, 책이구나. 담에 읽어볼게요."

아이의 선뜻 내키지는 않은 표정에 저는 잠깐 숨을 고르고 말 없이 책상 위에 살며시 책을 올려두었습니다. 일주일 뒤 아이는 책이 정말 재미있었다고 말하더군요.

"인기가 많고, 좋은 영상은 바로 고전에서 나오는 거야. 책을 많이 읽어야 그런 콘텐츠도 만드는 거지."

마지막 말을 보태자 아이는 문을 닫고 들어갔습니다. 어쨌든 한 시간짜리 영상을 보고 두 시간 책 읽기를 완수했으니 밑지는 잔소리는 아니었던 것 같습니다.

3. 모르는 단어가 나오면 정리하기

어휘를 많이 알고 있다는 것은 문해력을 키우기 위한 큰 자산입니다. 영어책을 읽으면서 자연스럽게 익히기도 하지만 일정량의 단어를 꾸준히 외우는 것이 좋습니다. 의미뿐 아니라 발음, 쓰임까지 폭넓게 알고 있어야 문해력을 키울 수 있습니다. 학교 내신을 위해 기본 영어 단어 교재를 사서 외우는 것도 좋은 방법입니다. 하지만 책을 읽거나 문제집을 풀 때 모르는 단어가 나오면 반드시 찾아보고 정리해야 합니다.

단어장 만들기

요즘은 단어장을 만드는 애플리케이션도 있고, 굳이 자신의 단어장을 만들지 않더라도 스마트폰에서 찾을 수 있어 편리합니다. 그래서인지 단어 외우기를 귀찮아하고, 찾아보면 다 나오는데 굳이 외워야 하는지 의문을 가지는 아이들도 있습니다. 하지만, 계산기가 있어도 사칙연산을 하고, 구구단을 외워야 합니다. 계산기를 꺼내어 숫자를 누르는 것보다 기본적인 연산은 머리로 하는 것이 훨씬 빠르고 편리하잖아요.

영어 단어도 마찬가지입니다. 실생활에 쓰이는, 자주 나오는 단어는 암기해 두는 것이 찾는 것보다 훨씬 유용하고 효과적입니다. 단어를 많이 알면 알수록 더 빨리, 더 많은 정보를 찾아 읽을 수 있지요.

저는 단어만큼은 노트에 직접 적게 하는데요. 방법은 다음과 같습니다.

단어장의 예

먼저 수첩을 준비합니다. 단어는 반복해서 외워야 하므로 휴대하기 편하고 넘기기 좋은 스프링으로 된 노트(수첩)를 추천합니다. 공책을 반으로 나눠 왼쪽에는 영어 단어, 오른쪽에는 뜻을 쓰게 합니다. 처음 단어장을 만들 때는 유의어나 반의어처럼 한 단어에 너무 많은 정보를 적지 않는 것이 좋습니다. 단어 하나당 한두 개 정도만 주요 뜻을 적고 품사를 기호로 표시합니다. (동사 v, 명사 n, 형용사 a, 부사 ad, 전치사 p) 한 단원당 30개 내외의 단어를 적고 2주 동안 반복해서 외우고 수업 시간마다 점검합니다. 기본 의미를 모두 외운 다음, 교과서에 나오는 예문을 적어 쓰임까지 익

중등 문해력의 비밀

히게 하지요.

중학교 단계에서는 교과 수업 시간에 나오는 단어만으로 내신을 준비하기에 충분합니다. 하지만 고등학교는 그렇지 않습니다. 13종류의 중학교 교과서 영어 단어가 거의 다 나옵니다. 중학교 때부터 단어장을 만들고 암기하는 연습을 해두어야 어휘량이 폭발하는 고등학교 과정에서 지치지 않습니다.

단어 암기법

학기 초에 아이들에게 영어 공부할 때 힘든 점을 물어보면 절반 이상이 '단어가 잘 외워지지 않는다'라고 합니다. 일부 아이들은 벌써 자신은 머리가 나쁘다고 자책하거나, 암기는 절대 할 수 없다고 단언하기도 하지요. 그런데 신기하게도 수업하다 보면 단어가 저절로 외워진다고 합니다. 제가 단어 암기의 일타강사라서 그런 걸까요? 아닙니다. 대부분 제대로 단어를 외우려고 하지 않기 때문이고, 또 잘못된 방법으로 공부하고 있기 때문입니다.

영어 단어는 절대 눈으로 보고 손으로 쓰는 것만으로 외워지지 않습니다. 눈으로 단어를 보면서 꼭 입으로 발음해야 합니다. 수업 시작 10분은 30명의 학생에게 단어를 물어봅니다. 한글 뜻과 영어 단어를 번갈아 가면서요. 아이들은 자기 이름이 불릴까 봐 조마조마하면서 단어장을 보기도 하고, 친구가 받은 질문을 혼자 조용히 발음해보기도 합니다. 선생님의 발음, 친구의 발음을 듣고,

혼자 말하면서 단어를 외우는 거죠. 이 과정을 2주 정도 반복하다 보면 거의 모든 학생이 단어를 외웁니다. 이렇게 외운 영어 단어와 우리말 뜻이 익숙해지면 입으로 말하면서 종이에 서너 번 씁니다. 철자를 아는 것도 중요하니까요.

영어 교과서에 저도 처음 보는 단어가 나왔는데요, 대식세포 macrophage라는 단어였습니다. 저는 사전으로 발음을 찾아 들으면서 말하고 종이에 두어 번 써봤습니다. '매크로f ㅔ이지'라고 발음하면서요. 학생 때만큼은 아니지만 저 역시 새로운 단어를 만나면 따로 정리하고 외웁니다. 잊어버려서 다시 찾아보고 외우기도 하고요. 영어 선생님인 저도 이렇게 단어를 암기한다고 하면 아이들은 놀랍니다.

암기는 자연스럽게 습득되는 것이 아닙니다. 머리가 좋아서 한 번만 보고 영원히 기억되는 것도 아니고요. 외우고 잊히고, 또 외우고 반복하는 노동인 거죠. 단 손을 힘들게 하지 말고 입을 힘들게 해야 잘 외워진다는 점, 반드시 기억하세요.

4. 쓰기 연습

모든 학습을 부모나 교사가 매번 도울 수는 없습니다. 방법을 안내할 수는 있지만 그것을 실천하는 것은 아이의 몫이지요. 중학생 정도면 그 방법조차 잘 들으려고 하지 않습니다.

영어를 가르칠 때 가장 힘든 부분이 바로 '쓰기'인데요. 우리말 글쓰기도 고개를 내저을 정도인데, 영어 글쓰기까지 챙겨야 한다니 참으로 부담입니다.

하지만 학교 수행평가는 물론 지필고사에서 꼭 나오는 부분이기 때문에 시험을 위해서라도 쓰기는 반드시 준비해야 합니다. 학교에서 쓰기를 지도하기도 하지만 그리 많은 시간을 할애하지 못하는 것이 현실입니다. 문법을 지도할 때 그 언어 형식을 활용한 짧은 문장을 쓰거나 수행평가 주제에 맞춰 한두 시간 연습하는 정도지요. 현실적으로 그 시간에 모든 아이에게 피드백하기란 쉽지 않습니다. 어떻게 하면 아이 혼자서 영어 글쓰기를 준비할 수 있을까요?

영어책 따라 쓰기

필사는 우리말로 베껴 쓰기copying입니다. 사실 글을 그대로 베껴 쓰기 때문에 글쓰기 능력을 키우는 데에는 큰 도움이 되지 않는다는 의견도 있습니다. 하지만 무엇보다 보고 쓰는 과정에서 오히려 읽기 능력이 키워집니다. 영어의 문장 구조를 좀 더 자세히 보게 되고요. 관사의 쓰임이나 관용 어구처럼 평소에 헷갈리기 쉬운 부분을 자연스럽게 익히지요.

베껴 쓰기를 할 때 가장 좋은 것은 영어 교과서입니다. 학교에서 배운 표현을 복습하는 효과도 있고, 수업 시간에 놓쳤던 부분을 꼼꼼하게 확인할 수 있기 때문입니다. 글을 쓸 때도 단어를 암기하는 것처럼 소리 내어 읽으면서 써야 합니다. 눈으로 읽고, 손으로 쓰며, 입으로 말하고, 뇌에 새겨질 때 오래 기억에 남습니다. 우리의 모든 감각을 사용했을 때 기억에 오래 남거든요.

교과서가 익숙해지면 리더스북이나 챕터북 쓰기로 지속합니다. 이야기가 있는 스토리는 상황에 좀 더 몰입하고, 상상하며 읽고 쓰는 연습을 할 수 있습니다. 온라인의 글은 문법적 오류나 철자 오타가 있을 수 있으므로 가급적 책을 교재로 연습하는 것이 좋습니다.

요약하기

요약하기는 내용을 이해했는지 확인할 수 있는 가장 빠른 방법입니다. 단순히 글자 수를 줄이는 것이 아니라 글의 핵심을 파악하여 재구성하는 것이기 때문에 글을 온전히 이해해야 하거든요. 요약만으로 그 글을 정확하게 이해하고 자신의 문장으로 표현할 수 있는지 확인할 수 있어 학교 수행평가에서는 물론 실제 학습에서도 중요한 활동입니다.

'요약하기' 활동 역시 영어 교과서 지문으로 연습해 보는 것이 좋습니다. 실제 중학교 3학년 천재교육 영어 교과서에 Universal Design의 선구자인 Patricia Moore의 일대기로 요약하기 연습을 해보겠습니다. (몇 년 전 제가 출제한 실제 수행평가 문항이었습니다. 교과서 지문 인용이 불가하여 유사한 내용과 길이의 온라인 기사 내용을 일부 발췌했습니다.)

In the mid 1970s Patricia Moore, aged twenty-six, was working as an industrial designer at the top New York firm Raymond Loewy, who had been responsible for designing the Coca-Cola bottle and the Shell logo. During a planning meeting she asked a simple question: 'Couldn't we design the refrigerator door so that someone with arthritis would find it easy to open?' And one of her more senior colleagues replied, with disdain: 'Pattie, we don't design for those people.' She was incensed. What did he mean, 'those people'?

So she decided to conduct an empathy experiment and discover the realities of life as an eighty-year-old woman. She put on makeup so she looked old and wrinkly, wore glasses that blurred her vision, clipped on a brace and wrapped bandages around her torso so she was hunched over, plugged up her ears so she couldn't hear well, and put on awkward, uneven shoes so she was forced to walk with a stick.

Between 1979 and 1982 Patricia Moore visited over a hundred

American cities in her new persona, attempting to negotiate the world around her and find out the everyday challenges that elderly people faced and how they were treated. She tried shopping in supermarkets, going up and down stairs, in and out of department stores, catching the bus, opening fridge doors, using can openers and much more. At one point she was robbed, beaten and left for dead by a gang of youths.

And the result of her immersion? Patricia Moore took industrial design in a radically new direction. Based on her experiences and insights, she was able to design a whole series of innovative products that were suitable for use by elderly people, such as those with arthritic hands. She is credited as one of the founders of Universal Design, an approach in which products are designed non-exclusively, for use by the widest range of consumers possible, and which has now become standard in the industry.

출처: www.romankrznaric.com/outrospection/2009/11/01/117

'요약하기'는 단순히 몇 개의 문장을 압축하거나 뽑아서 나열하는 것이 아닙니다. 완전한 한 편의 글입니다. 요약을 위해서는 먼저 핵심 단어와 주요 문장(주제문)을 찾습니다. 핵심 내용은 유지하되 자신이 이해한 단어로 표현해야 합니다. 본문의 단어와 구조를 그대로 베끼면 안 됩니다. 실제 논술형 평가에서는 '지문의 표현을 4단어 이상 이어서 그대로 쓰지 말라'는 조건도 있거든요. 동의어나 유의어를 사용하거나 문장 구조를 바꾸는 것도 방법이지요.

위 내용에서 중요한 부분에 밑줄을 쳤습니다. 회사 이름이나 상품, Moor가 여행을 다니면서 했던 구체적인 복장이나 사건과 같은 세부적인 정보는 요약하기에서 생략하고 그런 상황이 있었다는 정도만 언급하는 것이 좋습니다.

다음은 윗글을 요약한 것입니다. 1,900자의 본문을 700자로 요약했습니다. 단어 수는 대폭 줄었지만 중요한 부분은 빠뜨리지 않아서 내용은 충분히 이해되는 수준입니다.

Patricia Moore was a young designer who worked at a company in New York. She suggested making refrigerators easy to open for the old, but her colleague said they could not design for those people. It made her upset. Finally she decided to be an older person for understanding his life. She made herself look like an old lady and went to many cities to experience their challenges.

She shopped in stores, climbed stairs, rode buses, and did many other things. She even got into a dangerous situation once. After her experiences, Patricia Moore changed the way she designed. She created things like potato peelers with easy-to-hold handles for older people. This approach is called Universal Design. It make made products for everyone. It's now a standard in the design industry.

요약하기는 초등학교 5학년 국어 교과서부터 나오는 주요 쓰기 활동입니다. 중학교 1학년 국어 시간에도 다뤄지고요. 읽기뿐 아니라 쓰기까지 국어와 영어는 절대 별개의 영역이 아니라는 사실을 여기서도 배웁니다.

나만의 문장 쓰기

주어진 문장을 베껴 쓰고 요약하는 것도 중요한 과정이지만 무엇보다 쓰기의 목적은 의사소통입니다. 나의 경험과 생각을 글로 나타내는 것이 중요하지요. 영어 역시 자신의 이야기를 하는 도구가 되어야 합니다. 그렇기 위해서는 자신의 이야기를 써보는 것이 좋겠지요.

중학교 1학년 첫 수행평가 주제는 대부분 '나의 이야기'입니다. 자기소개를 비롯하여 좋아하는 것, 가족, 친구에 대해 쓰고 말하는 것입니다. 출판사와 관계없이 1학년 첫 단원이 '나의 중학교 생활'이라는 주제로 구성되어 있기도 하지만, 무엇보다 나의 이야기를 할 때 영어를 의미 있게 잘 쓸 수 있기 때문입니다.

하지만 안타깝게도 나의 이야기를 잘 쓰지 못하는 아이가 많습니다.

"I'm Minju. I go to Hankuk middle school. I have mom, dad and a cat. I like to listen to music. I want to be a singer in the future."

대부분 이름, 학교, 가족, 취미를 나열하는 수준이죠. 아이들이 쓰기 경험이 없기도 하고, 교사가 지도를 잘 못한 탓도 있겠지요. 하지만 무엇보다 아이들은 자신에 대해 무엇을 써야 할지 잘 모르고, 자신의 이야기를 제대로 한 적도, 다른 사람의 이야기를 제대로 들은 적이 없기 때문입니다.

다음은 '좋아하는 연예인'에 대해 쓴 중학교 2학년 학생의 글입니다. 실제 수행평가 문항이었습니다.

My favorite singer is IU. She is called the 'national younger sister'. The reason is that in the song's lyrics, 'Good Day', there is a word 'Oppa'. It is used when a younger sister calls her brother. She debuted on September 18th, 2008, when she was 15 years old. I love her singing because she can hit the high notes with a voice as clear as a bell. I like IU's songs because the lyrics are beautiful, and some make me feel touched. My favorite song of hers is 'My Sea'. If you listen to IU's songs, you will feel touched too.

우리글이든 영어 글이든 솔직한 자기 경험과 생각을 쓸 때 글의 힘이 있습니다. 나의 이야기를 영어로 솔직하게 쓰는 연습을 해보세요.

온라인 피드백 받기

영어로 글을 쓰는 것이 중요하다고 해도 선뜻 써지지 않습니다. 이유 중 하나는 내가 글을 제대로 썼는지 점검받을 곳이 마땅치 않기 때문이죠. 무조건 쓰면 실력이 는다고 하지만 문법이 정확한지, 실제로 쓰는 표현인지는 그냥 쓰는 것만으로 확인할 수 없습니다.

요즘은 온라인 도구를 언제 어디서든 무료로 이용할 수 있습니다. 원어민들이 많이 사용하는 영어 문법 검사 사이트를 몇 가지 소개하겠습니다. 제가 가르치는 학생들과 제 아이에게 소개한 사이트고 저도 자주 활용하고 있습니다. 영어 문법 검사기가 100% 정확하고, 믿을만하다고 할 수는 없지만, 간단한 문법과 단어를 점검받는 것과 그렇지 않은 것은 큰 차이가 있으니 이 사이트들을

중등 문해력의 비밀

적절히 활용한다면 좋은 결과를 볼 수 있을 겁니다.

먼저 그래머리Grammarly입니다. 영어권은 물론 우리나라에도 많이 알려진 영어 문법 점검 도구입니다. 사용법도 간단해서 영어 쓰기 수행평가를 준비할 때 이용하면 좋습니다. 간단한 철자에서 구두점, 적합하지 않은 단어를 지적하고 그 단어를 고치거나 생략할 수 있도록 제안하는 점이 특징입니다. 이 사이트를 크롬에 저장해 두면 가장 좋은 점이, 텍스트를 입력하는 곳이라면 어디든지 이용할 수 있다는 점이죠. 워드 문서로 작업을 하면 일부러 사이트에 들어가지 않더라도 자동으로 고칠 수 있는 팁을 제공합니다.

출처: www.grammarly.com

두 번째로 헤밍웨이 에디터Hemingway Editor입니다. 이 사이트는 문법과 단어 오류를 잡아주기도 하지만 글이 잘 읽힐 수 있는 여

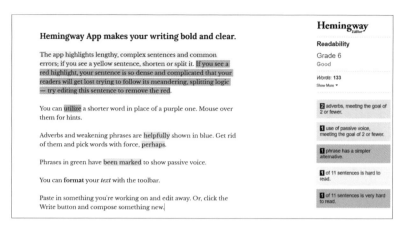

출처: hemingwayapp.com

러 요소(복잡한 문장 형식, 지나치게 긴 문장 등)를 지적하고 피드백
을 제공합니다. 다양한 색상의 하이라이트가 표시되어 수정해야
할 부분이 한눈에 보이죠. 게다가 점검하고자 하는 글의 수준과
글자 수가 표시되어 학습자나 독자의 수준에 맞는 글이 되도록 점
검받을 수 있습니다.

5. 꾸준히, 그러나 아이의 속도로

영어 공부를 일찍 시작하는 것보다 '계속, 꾸준히' 하는 것이 더
중요합니다. 아이가 우리말을 문장으로 말하고, 간단한 문장을 쓰
고, 자기 생각을 한 문단 정도 쓸 수 있다고 '아. 이제 국어는 다 끝

중등 문해력의 비밀

났구나. 이 정도로 유지하면 되겠다.'라고 생각하지 않잖아요. 학년이 올라갈수록 수준에 맞는 책을 읽고, 학교에서도 다양한 종류의 글을 접하면서 지식의 폭을 넓히고, 언어 수준을 올립니다.

영어도 마찬가지입니다. 영어 만화를 자막 없이 보고 이해한다고 해서, 챕터북을 잘 읽는다고 해서 영어 공부가 끝난 것이 아닙니다. 아이의 영어 수준이 어느 정도이든 조금씩, 매일 하는 것이 더 중요합니다.

그런데 안타깝게도 조금씩, 매일, 알아서 척척 하는 아이는 없습니다. 만일 그런 아이가 있다고 하더라도 그 아이는 내 아이가 아니죠. 어릴 적부터 부모님과 함께 꾸준히 잘해 왔다고 하더라도 중학생이 되어서까지 그 관계와 습관을 유지하기란 쉽지 않습니다. 중학생이 된 아이는 이제 혼자 알아서 하고 싶다는 마음이 들기 시작합니다. 부모님 말씀을 잘 듣고 꾸준하고 성실하게 잘해 왔더라도 이제는 답답하고 지루하다고 생각하게 될 시기인 거죠.

같이, 또 따로

큰아이가 초등학교 5학년 무렵 영어책 함께 읽기를 시작했습니다. 아이의 말대답이 시작된 무렵이었습니다.

"이 책 한번 읽어볼래? 엄마와 딸의 이야기인데 마치 엄마와 너를 보는 것 같아. 아이 관점에서 쓰인 책이라 읽어보니 네가 이해되기도 하고 내용도 재밌더라."

아이에게 『Hope』라는 영어책을 권했습니다.

"나중에 읽어볼게요."

아이는 귀찮아하는 표정을 지으며 책을 받아 들더니 바로 읽지 않고 책상 옆으로 치워 두었습니다. 당시 아이는 외국에서 국제학교 다니다가 한국에 와서 초등학교에 다니기 시작한 지 2년이 채 되지 않았는데, 그때까지 한국에서 영어 학원에 다니거나 따로 영어 공부를 하지 않고 있었습니다. 제 마음은 조급했죠. 아이가 영어 실력을 유지했음 좋겠는데 학원에 다니기 싫어하고, 그렇다고 집에서 영어책을 읽는 것도 아니라 답답했습니다.

일주일이 지나도록 아이는 제가 권한 책을 펴지 않은 눈치였습니다.

"그럼, 엄마랑 함께 읽을래? 엄마는 네가 매일 30분 정도는 책을 읽었으면 좋겠어. 영어 학원에 다니지 않으니 그 정도 시간은 있잖니. 혼자 읽기 힘들면 같이 읽자. 엄마도 영어 공부를 해야 하니까."

저의 집요하고 단호했던 말에 마지못해 아이는 그러겠다고 했습니다. 그렇게 8개월 정도 매일 자기 전 30분씩 한 페이지씩 소리 내어 책을 읽었습니다. 한 달에 한 권 정도 영어책을 읽게 되었습니다.

처음 석 달까지는 열심히 읽었습니다. 하지만 6개월이 지나자, 아이가 말하더군요.

중등 문해력의 비밀

"엄마, 나 이제 엄마랑 영어책 읽는 거 그만하고 싶어요. 내가 알아서 읽을게요."

아이의 말을 들었을 때, 사실 너무 서운했습니다. 저는 매일 자기 전에 아이와 함께 30분 동안 책을 읽는 시간이 아주 행복했거든요. 사춘기를 시작하는 아들과 다정하게 침대에 앉아 책을 읽는 제 모습이 흐뭇했고, 함께 해준 아이가 고마웠습니다. 그리고 마음 한편에는 '우리는 아주 이상적인 모자의 모습이야.'라는 생각도 했던 것 같습니다.

아이의 제안은 순간 눈물이 핑 돌 만큼 서운했지만, 나름 얼마나 참다가 꺼낸 이야기일까 싶어 제 고집대로 계속 책읽기를 이어갈 수 없었습니다.

"너의 갑작스러운 말에 엄마가 놀라서 무슨 말을 해야 할지 모르겠어. 너와 함께 읽고 싶은 책이 아직 많거든. 한 달만 더 해주면 안 될까?"

아이는 한숨을 쉬더니, 선심 쓰듯 말했습니다.

"그럴게요. 그런데 한 달 뒤에는 정말 안 할 거예요."

아이는 고맙게도 두 달 더 함께 책을 읽었고, 그 이후 정말 다시는 함께 영어책을 읽는 일은 없었습니다.

어느 날 산책하는 길에 아이가 한 나무를 가리키며 말했습니다.

"엄마, 전에 읽었던 『A Monster Calls(몬스터 콜)』 기억나요? 거기 나온 'the yew tree'가 주목 나무거든요. 바로 이거예요."

아이는 무심히 하는 이야기였지만, 저는 엄마와 시간을 기억하고 있었다니 고마웠습니다. 그 감동을 이어 아이에게 다시 물었죠.

"우리 같이 책 읽기 다시 해볼까?"

"아니요. 혼자 읽을게요."

아이는 단칼에 거절하더군요. '그만둘 때 약속처럼 혼자 알아서 읽지 않잖아.'라는 말이 목구멍까지 차올랐습니다. 하지만 내뱉지 않았습니다. 아이만의 의견을 오롯이 존중해야 할 시기가 온 것 같았거든요.

엄마의 영어 공부

아이와 함께 책 읽는 시간을 잃어버린 저는 지역 커뮤니티에 '영어원서낭독모임'을 모집했습니다. 영어 스터디처럼 공부하고, 단어를 정리하는 것은 부담이 될 것 같아 그냥 돌아가며 영어 원서 한 장씩 소리 내어 읽는 모임이지요. 미국 초등학교 1~2학년 수준의 『Magic Tree House(매직 트리 하우스)』 시리즈로 시작하여 2년 넘게 꾸준히 진행하고 있습니다.

저는 모든 부모님이 영어 공부를 하길 권합니다. 엄마표로 아이와 어릴 적에 같이 영어를 공부했더라도, 중학생이 되면 대부분 그만둡니다. 그렇더라도 엄마의 영어 공부는 그만 두지 마세요. 엄마표 영어를 해보지 않은 분도 마찬가지입니다. 지금이라도 시작

중등 문해력의 비밀

하면 좋겠습니다.

중학교 교과서도 좋고, 문법 문제집도 괜찮습니다. 영어책이면 더욱 좋고요. 중학생이 된 아이에게 '공부해라', '단어를 외워라', '책을 읽어라' 하고 지시하는 것보다 함께 공부하면서 이야기를 주고받으면 아이가 훨씬 더 잘 받아들일 수 있거든요. 그리고 이것은 사춘기 아이와 이어주는 역할도 합니다.

저도 마찬가지입니다. 동네 엄마들과 '영어원서낭독모임'을 결성한 이후로는 아이의 영어에 집착하지 않습니다. 온전히 제 영어 공부를 할 수 있어서 좋고요. 제가 매주 1회, 2년 넘게 영어책을 읽는 것을 보고 아이도 엄마가 무슨 책을 읽는지 관심을 가지더라고요.

무얼 공부해야 하냐고요? 엄마가 좋아하는 분야의 영어 공부를 하면 됩니다. 아이돌 가수를 좋아한다면 아이돌 가수와 관련된 영어 뉴스를 찾아봅니다. 외국 팬들이 올린 영상도 보고요. 미국 드라마를 좋아한다면 미국 드라마를 보세요. 영어 자막과 함께 보면서 간단한 영어 표현도 따라 해보는 거죠. 부모가 영어를 긍정적으로 대하는 태도만으로도 아이에게 영어 공부에 긍정적인 인상을 심어주는 데 큰 영향을 미칩니다. 그리고 한 번씩 슬쩍 물어보세요.

"엄마가 수동태 문장을 해석하는 데 잘 모르겠어. 엄마 중학생일 때도 어렵다고 생각했는데 여전히 이해가 안 되네. 이 문장 한 번 봐줄래?"

"단어 시험이라고? 엄마가 점검해 줄까? 엄마가 뜻을 이야기하면 네가 단어를 말하면 쉽게 외워질 거야."

"이번에 엄마가 읽은 영어책인데, 재밌더라. 너도 한 번 읽어봐."

다섯 번 얘기하면 네 번은 거절하기도 하지만, 정말 필요할 때 아이가 다가옵니다.

"엄마, 나 내일 영어 수행평가인데 발표하는 거 들어보실래요?" 라고요.

영어 디지털 문해력
키우기

   음식점에서 기기(키오스크^{kiosk})로 주문을 제대로 못 해서 발길을 돌리거나 대기 사이트에 예약하는 줄 모르고 줄을 서서 기다리다가 원하는 서비스를 받지 못했다는 기사를 본 적이 있습니다. 단순히 글을 읽을 줄 몰라 생긴 일이 아니지요. 대중교통을 이용하거나 커피 한 잔 마시려고 할 때도 현금을 전혀 받지 않은 곳이 많아졌습니다. 신용 카드가 없거나 결제 수단을 스마트 기기에 등록해 두지 않으면 일상생활이 점점 불편해집니다.

   이제 단순히 글을 읽고 정보를 얻는 것만으로는 일상생활을 제대로 누릴 수 없는 시대입니다. 정보를 구성하고 실제로 활용하는 시대입니다. 하루가 멀다고 쏟아지는 방대한 정보 중에는 유해하고 거짓된 것도 있습니다. 정보를 활용하는 것을 너머 비판하는 능력도 필요합니다.

글을 많이 읽고, 성적을 잘 받는 것을 넘어 일상에서 만나는 모든 텍스트를 비판하며 읽고, 올바른 정보를 찾아 생활에 활용하는 능력까지 요구되는 시대입니다.

특히 디지털 기술과 온라인 플랫폼은 영어 기반이 많아서 영어를 의사소통 수단으로 사용해야 하는 상황이 많아지고 있는데요. 영어 디지털 세계와 소통하고 이해하는 데 필요한 영어 디지털 문해력을 키우려면 어떻게 해야 할까요?

1. 정보 찾기

영어로 키워드 넣기

스스로 필요한 자료를 조사하는 것은 학교 과제는 물론 일상에서도 필요합니다. 흔히 '검색'이라고 하죠. 도서관에서 원하는 책을 찾고, 온라인에서 필요한 기사나 자료를 찾을 수 있습니다.

그런데, 의외로 많은 아이가 검색에 능숙하지 못합니다. 정보의 '키워드'인 적절한 핵심어를 넣지 못하는 거죠. 영어는 더욱 그렇습니다. 예를 들어, '우리 마을 소개 책자 영어로 만들기'라는 수행평가를 위해 자료를 검색한다고 해볼게요. '관광 홍보 책자 만들기'를 그대로 검색창에 입력하면 어떤 결과를 얻을까요? 마을 프로젝트를 담당하는 기관이나 책자를 만드는 인쇄 업체, 마을 공동체에 관한 기사가 나옵니다. 원하는 정보가 아니죠. 자료를 얻기 위해서는 무작정 검색하는 것이 아니라 우리 마을의 역사, 지리, 문화를 찾아보고 그 중 특징적인 것을 선정해야 합니다.

영어 관련 자료를 검색할 때는 우리나라 검색엔진보다 구글Google이 편리합니다. 영어로 키워드만 잘 넣으면 유용한 정보를 많이 얻을 수 있습니다. 다시 돌아가서, 마을 소개 책자에 관한 키워드를 영어로 입력합니다. 'hometown leaflet(마을 전단지), introduction of my hometown(고향 소개)' 정도면 충분합니다. tourism leaflet(관광책자), my hometown visitor's leaflet(마을 관광객 책자)에 관한 정보가 나옵니다. 마을을 소개하는 책자에 넣어야 할 요소를 영어로 알 수 있지요.

아무것도 모르는 상태에서는 어떤 정보도 검색할 수 없습니다. 적어도 찾고자 하는 정보의 영어 단어, 표현 등은 알고 있어야 하죠. 번역기의 도움을 받는다면 '우리 마을 소개 책자 영어로 만들기(Making a brochure about our village in English)'(구글번역기 결과)를 그대로 입력하기보다는 'making a brochure(책자 만들기)' 'a brochure about my village(우리 마을 책자)'로 나눠서 검색하는 것이 좋습니다. brochure 대신 pamphlet, leaflet과 같은 비슷한 의미의 단어를 넣는 것도 다양한 정보를 얻는 데 도움이 됩니다.

이미지로 이해하기

세계의 생일 문화에 대해 배우는 시간이었습니다. 영어 교과서에 호주는 생일에 'fairy bread'를 먹는다는 내용이 있어서 아이들에게 직접 검색해 보라고 했습니다. 대부분 검색창에 한글로 '호주 생일빵', '호주 생일', '요정빵'이라는 키워드를 입력하더라고요. 찾은 사진과 내용은 거의 한글 정보였고 출처도 동일했습니다.

특정한 단어를 찾을 때는 구글 이미지를 활용하는 것이 좋습니다. 구글 창에 'fairy bread'를 입력하고 이미지를 누르면 다양한 'fairy bread'가 나옵니다.

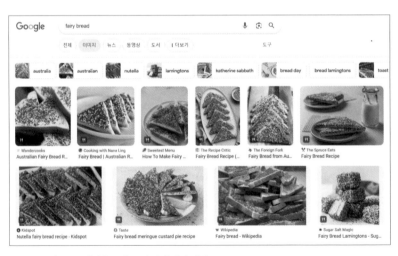

www.google.com에서 fairy bread 검색 결과 예시

여러 사진 중 아래 있는 제목을 보고 클릭하면 'fairy bread'에 대한 정보를 더 얻을 수 있습니다. 전혀 다른 문화는 글을 읽는 것만으로 이해되지 않습니다. 사진을 보면 더 정확한 정보를 얻을 수 있지요. 이미지를 읽어내는 것도 훌륭한 문해력이라 할 수 있습니다.

2. 학습과 일의 조력자, 챗GPT

거스를 수 없는 대세, 인공지능

챗GPT는 '사전 학습된 대화 생성 트랜스포머Chat Generative Pre-trained Transformer'의 약자로 대화형 인공지능입니다. 2022년 11월에 처음 출시되어 일관성 있고 문맥에 맞는 텍스트를 생성할 수 있습니다. 한국어도 가능하지만, 영어를 사용할 때 훨씬 빠르고 자연스러운 대화를 주고받을 수 있습니다.

2023년 3월에는 GPT-4가 공개되었는데요, 최신 버전은 텍스트뿐 아니라 이미지 입력까지 받아들여 인간에 가까운 수준의 성능을 발휘할 수 있다고 합니다.

인공지능은 인간의 언어를 분석하고 그 패턴을 인식하기 때문에 제법 자연스러운 의사소통을 할 수 있습니다. 실제 사람과 대화하는 것으로 보일 정도지요. 이런 특성 때문에 고객 서비스나 상담에 많이 이용되고 있으며, 막대한 데이터를 분석하여 콘텐츠를 생성하기도 합니다. 기사나 광고를 만드는 작업도 가능하지요.

챗GPT 사용법

사용법은 간단합니다. 먼저 챗GPT 사이트(https://openai.com/blog/chatgpt)에서 회원가입을 합니다.

공식사이트로 이동하면 다음 화면이 나옵니다. 처음 이용하려면 계정을 만들어야 하므로 'Sign up'을 누릅니다.

다음은 계정을 만드는 화면입니다. 구글이나 마이크로소프트 계정으로 가입할 수 있습니다.

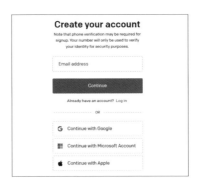

로그인하면 다음과 같은 화면이 나옵니다.

Chat GPT를 선택하면 아랫부분에 텍스트를 입력하는 곳 send a message가 있는데 여기에 질문을 입력하면 됩니다.

앞서 말한 '우리 마을 관광 홍보 책자 만들기'에 관한 질문을 영어로 해보았습니다.

How can I make a leaflet about my village?
(우리 마을에 관한 홍보자료를 어떻게 만들 수 있을까?)

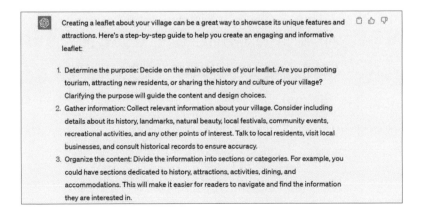

10가지 단계를 제시해 주었는데요. 앞부분만 요약하면 다음과 같습니다.

1. 홍보 책자 목적 정하기: 홍보하려는 목적이 관광인지, 이사를 와서 살게 하는 건지, 역사나 문화를 소개하기 위해서인지 구체적인 목적을 정해야 한다.
2. 관련 정보 수집하기: 역사, 랜드마크, 자연, 지역 축제와 같은 자세한 자료를 모으고 지역 기관에서 정확한 정보인지 확인하고 상담받는다.
3. 내용 구성: 목차를 정해야 한다. 예를 들어 역사, 볼거리, 활동, 음식점, 숙박 시설과 같이 분류한다.
4. 매력적인 내용 쓰기: 지역의 특별한 점을 부각하여 묘사하고, 흥미로운 사실과 이야기 등을 포함한다.

어떤가요. 꽤 구체적인 방법이죠? 모든 수업 준비와 구성을 해야 하는 교사에게 챗GPT는 아이디어를 줄 수 있습니다. 학생들도 자료를 조사하기 전, 무엇을 어떻게 준비해야 하는지 팁을 얻을 수 있고요. 번역기의 도움을 받을 수 있지만, 영어로 질문하면 훨씬 구체적이고 빠르게 정보를 얻을 수 있습니다.

중등 문해력의 비밀

3. 디지털 세계에서 지켜야 할 것들

온라인은 유용한 정보가 가득한 곳이지만 동시에 잘못된 정보, 가짜뉴스, 사람을 현혹하는 정보도 가득합니다. 필요한 정보를 찾으려고 접속했다가 이런 가치 없는 정보에 시간을 빼앗기게 되는 일이 허다합니다.

앞서 소개한 챗GPT는 학습 데이터에서 얻은 정보를 기반으로 대화를 이어갑니다. 데이터에 오류가 있으면 스스로 검열하지 못하고 그럴듯하게 답변합니다. 내용이 신뢰할 수 있는 정보인지는 사용자가 직접 검토해야 합니다. 게다가 입력된 데이터가 인종이나 성별, 지역의 편견을 가지고 있다면 편향되고 거짓의 정보를 제공할 수도 있습니다. 그래서 민감한 이슈의 경우라면 챗GPT를 사용하지 않는 것이 좋습니다. 하지만, 어떤 정보가 거짓이고 민감한지 학생들은 잘 구분하지 못합니다. 학교와 가정에서 지속해서 가르쳐야 할 부분이죠.

다양하지 않은 다양함

실시간 영상으로 직관적인 정보를 얻는 요즘 아이들은 비판적인 사고를 가지기가 쉽지 않습니다. 비판적인 사고를 위해서는 무엇보다 다양한 관점을 보는 것이 중요합니다. 하지만 온라인 세계에서 안내하는 알고리즘은 개인에게 맞는 정보를 제공한다는 명목 아래 획일적인 정보만 반복적으로 보여주지요.

예전에는 인기 있는 TV 만화나 드라마가 있었습니다. 아이들은 그 프로그램을 보고 스토리를 예상하고, 등장인물의 성격을 분석하기도 했습니다. 일상에서 나누는 수다가 다른 사람의 의견을 들을 수 있는 좋은 기회였습니다. 하지만 요즘 아이들이 좋아하는 영상 채널은 너무 다양해서 공통점이 없습니다. 같은 게임을 하더라도 아이마다 구독하는 채널이 다릅니다. 그리고 자기가 구독하지 않은 채널에 대해서는 전혀 알지 못하고, 알려고 하지도 않습니다.

코로나 상황이 3년 지속되면서 아이들은 영상이 주는 이야기를 그대로 믿고, 알고리즘이 안내하는 비슷한 영상을 보면서 다양한 상황과 이야기를 들을 기회를 얻지 못했습니다. 관심의 분야가 깊어질 수 있지만 다른 시각을 볼 수 없는 편협함을 가지고 있을 가능성이 커졌습니다.

비판적 사고

디지털 문해력에서 가장 중요한 것은 비판적인 사고입니다. 좋아하고, 재미있으니까 그냥 보도록 내버려 두어서는 안 됩니다. 적어도 아이가 어떤 콘텐츠를 즐겨 보는지는 알고 있어야 하고, 그 콘텐츠가 주는 메시지, 정보, 성격에 대해 함께 이야기할 필요가 있습니다. 지속해서 보는 콘텐츠는 아이의 사고와 행동에 큰 영향을 미치기 때문입니다.

　쉬는 시간은 물론, 수업 시간에도 주위 친구를 괴롭히는 아이가 있었습니다. 필기구를 빌려서는 부러뜨린 뒤 돌려주고, 가방이나 겉옷을 화장실에 숨겨놓는 등 괴롭힘에 가까운 행동을 계속했었죠. 이 아이가 즐겨보는 콘텐츠는 친구를 골탕 먹이는 것을 주제로 하는 영상이었습니다. 심지어 댓글로 구독자들이 요구하는 끔찍한 행동을 직접 촬영하고, 그것을 재미있는 장난으로 포장하는 채널이었습니다. 해당 학생의 부모님은 아이가 자주 영상을 보고 웃는 것은 알고 있었지만 그런 내용이라고는 것을 전혀 눈치채지 못하고 있었습니다.

　아이를 감시하라는 것이 아닙니다. 24시간 아이의 일거수일투족을 다 볼 수 없으니까요. 단, 아이가 접하는 미디어의 콘텐츠에 대해서 함께 얘기를 나눠야 합니다. 콘텐츠의 장단점을 생각해 보고 콘텐츠에 대해 의문을 품고 이야기를 나눕니다. 그 콘텐츠에서 재미있는 포인트는 어디인지, 그것이 다른 사람을 괴롭히거나 부정적인 내용을 담고 있는 것은 아닌지, 단순히 재미로만 생각하면 안 되는 이유를 이야기해야 합니다. 다른 사람을 도와주거나 마음이 따뜻해지는 콘텐츠를 찾아보고 유해한 콘텐츠를 걸러내는 대안도 같이 모색해야겠지요.

올바른 생각과 표현

2023년 1월 뉴욕시 공립학교가 교내 네트워크와 기기에서 챗 GPT 이용을 차단했다고 합니다. 학생의 학습 효과에 부정적 영향을 준다는 것이 이유였습니다. 인공지능이 정리된 정보와 학습 방법을 친절하게 알려 주는 것을 넘어 아예 과제까지 대신하게 된 거죠. 단어 수, 내용 수준 조건에 맞는 완벽한 답안을 제공할 만큼 답변의 수준이 높습니다. 하지만 네 달 뒤인 5월, 데이비드 뱅크스 뉴욕시 공립학교 총장은 "챗GPT는 우리를 놀라게 했습니다. 이제 우리는 그 가능성을 받아들이기로 결정했습니다."라며 챗GPT에 대한 접근 방식을 전환했습니다. 미래에 성공하기 위해서는 AI를 두려워할 게 아니라 이해해야 한다는 설명을 덧붙였습니다.

챗GPT를 바라보는 시각은 크게 두 가지입니다. 먼저 올해 초 뉴욕시처럼 수업에 전혀 활용하지 못하게 하는 것입니다. 수업 중 직접 과제를 손으로 쓰게 하거나, 구술 평가를 하는 방법을 사용해 챗GPT의 사용을 차단합니다. 그리고 챗GPT가 답변할 수 없도록 최근의 사건을 분석하는 주제를 제공하기도 합니다. 한편 대학교에서 적극적으로 활용하는 경우도 있습니다. 인공지능에서 얻은 정보를 명확하게 밝히고, 실제 정보와 비교해서 확인하는 과제를 제공하는 거죠. 다시 뉴욕시가 챗GPT를 허용한 것도 같은 이유에서일 것입니다.

중등 문해력의 비밀

챗GPT가 우리 교육에서 어느 방향으로 활용되더라도 기본은 하나입니다. 인공지능이 제공하는 정보를 비판적으로 읽고, 통찰을 통해 자기 생각을 정립하는 것, 그리고 그것을 글로 표현하는 것입니다. 아무리 명언이나 명문장을 외우고 자기 말과 글에 사용한다고 해서 실제 경험해보지 않는다면 뜬구름 잡는 이야기일 뿐입니다. 인공지능의 답변도 마찬가지입니다. 자신에게 필요한 정보를 확인하고, 의미 있는 표현을 활용할 때 말과 글이 더욱 풍부해질 수 있습니다.

3장

집에서 키우는
엄마표 중등 문해력

1

대화의 힘

요즘 아이들이 문해력이 떨어지는 이유는
코로나19로 인해 영상만 보고 책을 안 읽어서가
아니라, 오랜 시간 동안 학교에 가지 못하면서
대화할 기회를 잃었기 때문입니다. 맞벌이 가정이
늘어나고 이웃과 소통이 줄어들면서 타인과
대화하고, 질문하고, 의견을 듣고, 깨우치는
이 모든 과정을 경험할 수 없게 되어서입니다.
진정한 문해력은 읽고 쓰는 것만으로 발전하지
않습니다. 가장 중요한 것은 소통, '대화'입니다.
그 시작은 바로 가정이고요.

이해력을 키우는
대화의 힘

　"자, 이번 시험의 범위는 50쪽부터 120쪽까지야." 제 말이 끝나 자마자 갑자기 진성이가 손을 들더니 "선생님, 시험 범위가 어디서 부터 어디까지예요?" 하고 질문합니다. 한숨을 한 번 쉬고 다시 한 번 이야기하려고 하자, 구현이가 진성이에게 묻습니다. "야, 시험 은 언제야?", "바보야, 그것도 모르냐?", "바보? 너는 국어도 못 하 면서……", "야, 너도 수학 잘 못하잖아." 그러더니 갑자기 킥킥대며 웃기 시작합니다. 그 뒤로도 시험이나 수업과 관계없는 이야기를 하면서 웃습니다. 도대체 뭐가 웃기는지, 무슨 말을 하는지 도저 히 공감되지 않았습니다. 두 아이는 'ㅋ', '붕', '푸' 같은 의미도 없는

학급 SNS의 예

단어를 나열하면서 웃었거든요.

진성이와 구현이뿐 아닙니다. 아이들이 나누는 대화를 듣고 있으면 완결된 문장으로 대화를 나누는 모습은 볼 수 없습니다. 학급 SNS에서 담임인 저는 문장으로 아이들에게 전달 사항을 안내하지만, 아이들은 한 글자 또는 두 글자로 된 단어로 답하고 대화를 주고받습니다.

아이들은 어휘를 배우는 중입니다. 책을 통해서도 어휘를 배우고 익힐 수 있지만 더욱 자주 배우게 되는 상황은 대화입니다. 우리가 일상에서 나누는 대화를 생각해 보세요. 수천수만 마디의

중등 문해력의 비밀

대화를 나눕니다. 그러나 아이들이 구사하는 어휘의 수는 한정되어 있습니다. 또래 아이들에게 으스대고 싶은 마음에 비속어도 많이 사용하고요. 이런 어휘만 주고받아서는 어휘력이 자라지 않음은 자명한 일입니다.

'헐'이라는 단어를 생각해 볼까요? '헐'은 황당할 때, 어이없을 때, 놀랄 때, 기가 막힐 때, 엄청날 때, 안타까울 때, 화가 나거나 속상할 때, 마음에 안 들 때 사용하는 외마디의 감탄사입니다. 다양한 감정을 '헐', 오직 한 단어로 표현할 수 있는 아주 편리한 단어입니다. 그런데 앞에서 제시한 상황마다 '헐'이라는 단어만 사용한다면 아이들의 어휘력은 어떻게 될까요? 상황에 따라 '아이고', '어이쿠', '앗' 등의 감탄사는 물론, '놀랐다', '무섭다', '깜짝이야'와 같은 다양한 어휘를 사용해야 자신의 감정을 명확하게 이해하고 표현할 수 있습니다. 그러나 어휘력이 부족한 아이들은 자신의 감정을 표현하지 못하고 '헐'이라는 단어만으로 통칭합니다. 알고 있는 어휘가 거의 없으니 감정을 자세하고, 정확하게 표현하지 못하는 거지요.

다양한 어휘는 어디서 배울 수 있을까요? 그 시작은 바로 가정입니다. 가정에서 차곡차곡 어휘를 쌓아야 그것을 바탕으로 학교에서 만나는 사람들과 다양한 상황에서 어떻게 사용해야 하는지 적용하며 문해력을 제대로 키울 수 있거든요. 학교에서 만나는 다른 아이들은 우리 아이의 이해력에 맞춰 이야기하거나 배려하지 않습니다. 그 아이들도 상황에 맞는 어휘를 적재적소에 사용하는 능력이 부족하거든요. 학교 선생님과의 대화도 마찬가지입니다. 선생님은 주로 수업 시간에 만나서 수업과 관련된 이야기를 나누기 때문에 교과서에 나오는 학습어를 중심으로 대화를 나눌 수밖에 없습니다. 다양한 어휘를 사용하고, 그 어휘가 갖고 있는 미묘한 어감에 대해 섬세하게 알려 줄 수 있는 사람은 부모님을 비롯한 가정에서 함께 생활하는 어른이지요.

아이들은 가정에서 자신보다 더 다양한 어휘를 구사하는 어른들과 대화하면서 어휘를 배웁니다. 대화하면서 어휘의 다양한 의미는 물론, 숨어 있는 뜻까지 이해합니다. 이런 모든 능력은 대화를 통해서만 키울 수 있습니다. 가정에서 꾸준히 대화를 나눈다면 아이의 이해력을 잘 키울 수 있습니다.

사춘기 아이의 말문을
열게 하는 가족 대화

엄마: 아들, 학교 재밌었어?

아들: 그저 그랬어요.

엄마: 오늘 급식 뭐였어? 맛있었어?

아들: 아니요. 맛없어서 안 먹었어요.

엄마: …….

엄마: 아들, 방 좀 치우는 게 어때? 저기 있는 과자 봉지 일주일
　　은 된 것 같은데.

아들: 네, 나중에 치울게요.

엄마: 지금 치워. 너는 늘 치운다고 하고 안 치우더라.

아들: (입을 삐죽대고 봉지를 낚아채듯 들고 나온다.)

중학생인 아들과 저의 평소 대화입니다. 아마 중학생 자녀를 둔 가정의 대화가 대부분 이럴 것입니다. 주제는 단편적이고 대화 패턴은 단순합니다. 부모는 묻고 아이는 짧은 답을 하거나, 부모는 지시하고 아이는 짜증을 내는 형식이죠. 아이의 문해력을 키우기 위해 가정에서 꾸준히 대화해야 한다지만 현실은 쉽지 않습니다.

사춘기 아이와 꾸준히 대화하기 위해서는 먼저, 일부러 대화할 시간을 마련해야 합니다. 매주 토요일 저녁이나 일요일 점심처럼 여유가 있는 날을 '가족 대화 시간'으로 정하는 식으로요. 물론 처음에는 어색할 겁니다. 갑자기 과제로 전혀 생각조차 해본 적 없는 가훈을 만드는 것처럼 '가족 대화 시간'은 억지스럽고 오글거립니다. 하지만 어색함을 잠시 참고 일단 시간을 정하는 것이 필요합니다. 그 시간만큼은 스마트폰이나 기타 가족의 대화를 방해하는 것들을 모두 멀리하고 가족 모두 한자리에 앉아보세요.

두 번째로 대화 주제를 정합니다. 이것 역시 자연스럽지 않지요. 가족 대화 시간이라고 한자리에 모여 앉은 것도 어색한데, 대화의 주제까지 정하라니요. 그 어색함을 깨기 위해 추천하는 방법은 '질문 카드'입니다. '질문 카드'를 검색해 보세요. 다양한 종류의 카드가 나옵니다. '아이스 브레이킹'이라고, 처음 만났을 때 어색함

'클레이 질문 카드', 부모 편(왼쪽)과 청소년 편(오른쪽), 출처: etsqlay.com

을 깨기 위한 도구로 '질문 카드'가 많이 사용되거든요. 물론 가족은 처음 만나는 사이는 아니지만 처음 만나는 사이처럼 어색합니다. 오랫동안 대화 시간을 가져보지 않았을 테니까요. 그 어색함을 깰 필요가 있습니다.

우리 가족이 가족 대화 시간에 사용하는 카드는 '클레이 질문 카드'입니다. 이 카드에는 인생, 직업, 부모, 청소년, 공부, 진로 편 등 주제가 다양합니다. 그중 우리 가족이 사용하는 카드는 부모 편과 청소년 편입니다.

자유롭게 진행할 수 있으나 우리 가족은 이렇게 합니다. 아이 두 명이 '부모 편'에서 카드 2장씩 뽑고, 저와 남편이 '청소년 편'에서 카드 2장씩 뽑습니다. 그리고 카드에 있는 질문을 합니다. 카드당 큰 질문 하나와 세부 질문 두 개로 구성되어 있습니다.

서로 뽑은 카드로 질문합니다.

아들: 엄마, 질문할게요. 아이를 키우면서 가장 어려운 점은 무엇인가요?

엄마: 음, 마음을 아는 것?

아들: 같은 이유로 힘들어하는 부모가 있다면 뭐라고 말해주고 싶나요?

엄마: 아, 어렵다. 엄마도 정답을 찾지 못해서 해줄 말이 없을 것 같아.

아들: 반대로 당신에게 가장 쉽고 자연스러운 것은 무엇인가요?

엄마: 아들에게 책 읽어 주는 것, 책 이야기 해주는 것, 물론 우리 아들은 별로 좋아하지 않지만. (웃음)

아들: 아니에요. 엄마가 책 읽어 주는 거 좋아해요.

질문 카드의 질문들은 평소 생각하지 않았지만, 한 번쯤 생각해 볼 만한 질문이 많습니다. 한 질문으로 끝나는 것이 아니라 관련 있는 질문이 두 개 더 이어지면서 그 질문을 깊이 있게 생각해보게 합니다. 우리 가족은 이 카드로 이야기를 나누는 시간을 가지면서 대화가 늘었습니다. 사춘기라서 말을 하지 않아 몰랐던 아이의 마음도 알게 되었고, 아이에게 자연스럽게 부모의 생각도 이야기할 수 있었죠.

꾸준한 대화는 '마음 열기'에서 시작합니다. 마음을 열면서 대화가 깊어지고, 일상의 언어, 어른의 언어가 아이에게 전달됩니다.

2

놀이의 힘

요즘에는 골목길도, 동네 아이들도 없습니다.
다양한 놀이와 의사소통을 경험할 기회가
없어졌지요. 혼자 노는 게 더 편한 아이들이 부쩍
늘었습니다. 말을 할 필요도, 경청할 경험도
줄어들었습니다.
중학생이 되면서 학업과 성적이 중요하게 되니
'놀이'는 더욱 설 자리가 없어졌습니다. 가정에서
놀이의 힘을 되살리기 위해 어떤 도움을 줄 수
있을까요?

말놀이로
어휘력을 키워라

    문해력의 시작은 글이 아니라 말입니다. 말을 통해 문해력의 물꼬를 틔워야 합니다. 어휘력이 부족하면 부적절한 어휘를 사용하거나 이야기할 때 핵심이 드러나지 않습니다. 또 질문하면 대충 대답해 버리거나 회피해 버리지요. 억지로 대답을 끌어낸다고 해도 원하는 만큼 유창하지 않습니다. 어휘력이 부족해 말을 제대로 하지 못하면 글도 못 읽는 것은 당연합니다.

    끝말잇기를 아시나요? 끝말잇기는 초등학생들이 많이 하는 게임입니다. 그런데 의외로 중학생들도 끝말잇기를 좋아합니다. 상대를 꼼짝 못하게 하는 한방 단어인 '기쁨'을 못하게 하면 생각보다 오랫동안 끝말잇기를 이어갈 수 있습니다. 끝말잇기를 하는 것을 보면 아이들의 어휘력을 엿볼 수 있습니다. 각자 가진 어휘의 주머니가 달라 끝말잇기를 하면서 낯선 어휘를 접하기도 하고요.

중학생도 말놀이로 어휘력을 키울 수 있습니다. 수업 시간에 말놀이를 활용하기도 하는데요, 핵심 개념이 있다면 초성만 써서 그것이 무엇인지 맞히게 하는 겁니다. 예를 들어 '전자의 이동'이라는 개념을 설명하기 위해서 칠판에 'ㅈㅈㅇ ㅇㄷ'이라고 씁니다. 낯선 글자를 본 아이들은 선생님이 칠판에 쓴 글이 무엇인지 관심을 둡니다. "이 글자가 무엇일까?"라고 질문하면 많은 아이가 손을 들고 답을 발표합니다. 하지만 쉽게 답을 찾을 수는 없습니다. 정답을 맞히지 못하면 아쉬워하면서도 다양한 단어를 다시 생각합니다. 말놀이를 활용하면 아이들은 수업에 훨씬 적극적으로 참여합니다. 아이들은 같은 내용이라 해도 교사가 일방적으로 어떤 것을 전달하는 것보다 게임처럼 진행하면 경쟁심이 자극되어 더욱 재미있어 하거든요.

책이나 문제집으로 중학생 아이의 어휘력을 키우려고 하면, 아이는 그것을 공부처럼 느껴서 거부할 수 있습니다. 억지로 시키기도 어려운 나이이지요. 그러나 다양한 말놀이를 통하면 거부감 없이 즐겁게 어휘력을 키울 수 있습니다. 중학생이 할 만한 말놀이를 몇 가지 제시합니다.

첫째, 앞서 제시한 끝말잇기입니다. 끝말잇기는 다양한 사람과 함께 할 수 있는데, 말하는 사람의 배경지식에 따라 다양한 어휘가 제시될 수 있어서 예상치 못하게 어휘력을 확장할 수 있습니다. 자신이 잘 모르는 어휘라면 정답으로 인정하지 않기 위해 그 어휘를 찾다가 뜻을 파악할 수도 있고요. 그렇게 익힌 어휘는 쉽게 잊히지 않습니다. 끝말잇기를 할 때 글자 수에 제한을 두는 것도 끝말잇기의 재미를 더할 수 있습니다.

둘째, 난센스 퀴즈입니다. 난센스 퀴즈는 그동안 생각하지 못했던 방향으로 사고의 전환을 이루어 줍니다. 다음의 난센스 퀴즈를 풀어보세요. 이런 접근은 어휘를 딱딱한 것이 아니라 편안한 것으로 느끼도록 도와줍니다.

① 아몬드가 죽으면?
② 세상에서 가장 빠른 닭은?
③ 왕이 헤어질 때 하는 인사는?
④ 할아버지가 제일 좋아하는 돈은?
⑤ 도둑고양이에게 어울리는 금은?

정답: ① 다이아몬드 ② 후다닥 ③ 바이킹 ④ 할머니 ⑤ 야금야금

셋째, 속담입니다. 처음 선창하는 사람이 속담을 알아야 할 수

있는데요, 선창하는 사람이 속담의 반을 이야기하면 다른 사람이 속담의 남은 부분을 이야기하는 거죠. 예를 들어 "소 잃고"라고 하면 다음 사람이 "외양간 고친다"라고 답하는 겁니다. 속담뿐 아니라 자주 사용하는 관용구로도 할 수 있습니다. 게임을 통해 속담이나 관용구를 많이 익히는 건 덤이겠죠.

넷째, 글자 수에 맞춰 대화하기입니다. 글자 수를 정해서 그 글자 수 안에서 서로 대화를 주고받는 거죠. 예를 들어 5글자 대화하기라면 "밥을 먹었어?", "아까 먹었어."처럼 5글자로만 대화를 주고받는 겁니다. 3글자, 4글자, 5글자 등 글자 수는 얼마든 바꿀 수 있습니다. 어떻게든 글자 수에 맞추기 위해서 비슷한 말이나 대체어를 찾아냅니다. 다양한 유사어를 익힐 수 있겠지요.

다섯째, 잰말 놀이입니다. 잰말 놀이라는 말은 낯설지만, '간장공장공장장'은 낯설지 않을 겁니다. 잰말 놀이는 언어유희의 일종으로 빠른 말놀이라고도 합니다. '잰말'은 사전에 등재되어 있지는 않은데, 빠르다는 의미의 '재다(잰)'에서 나온 것으로 추측됩니다. 잰말 놀이는 발음이 비슷해서 발음하기 어려운 문장을 빨리 읽거나 반복해서 읽는 놀이입니다. 빠르게 발음하면서 말을 더듬지 않는 게 관건입니다. 다음의 문장을 빠르게 따라 해보세요. 정확하게 발음하기 위해 애를 쓰면서 발음은 물론, 읽기 능력도 향상할 수 있습니다.

- 내가 그린 기린 그림은 목이 긴 기린 그린 그림이고, 네가 그린 기린 그림은 목이 안 긴 기린 그린 그림이다.
- 내가 그린 구름 그림은 새털구름 그린 구름 그림이고, 네가 그린 구름 그림은 깃털구름 그린 구름 그림이다.
- 저기 계신 저 분이 박 법학박사이시고 여기 계신 이 분이 백 법학박사이시다.
- 중앙청 창살은 쌍창살이고 시청의 창살은 외창살이다.
- 경찰청 철창살은 외철창살이냐 쌍철창살이냐.
- 간장 공장 공장장은 강 공장장이고 된장 공장 공장장은 공 공장장이다.
- 한양 양장점 옆 한영 양장점
- 신인 송 가수의 신춘 샹송 쇼
- 앞집 팥죽은 붉은 팥 풋팥죽이고, 뒷집 콩죽은 햇콩단콩 콩죽이다.
- 우리집 깨죽은 검은깨 깨죽인데 사람들은 햇콩 단콩 콩죽 깨죽 죽먹기를 싫어하더라.
- 들의 콩깍지는 깐 콩깍지인가 안 깐 콩깍지인가? 깐 콩깍지면 어떻고 안 깐 콩깍지면 어떠냐? 깐 콩깍지나 안 깐 콩깍지나 콩깍지는 다 콩깍지인데.

어때요? 생각보다 재미있지 않나요? 중학생들도 이런 말놀이를 좋아합니다.

　아직 늦지 않았습니다. 일상생활에서 다양한 말놀이를 통해서 어휘력을 다져야 합니다. 말놀이를 통해 어휘력의 물꼬를 트는 거죠. 어휘력이 키워지면 아는 어휘가 많아져서 자연스럽게 다양한 어휘를 활용해서 말을 하게 됩니다. 언어가 훨씬 풍부해지겠죠. 말도 많이 해야 잘 사용할 수 있습니다. 자꾸 말을 하다 보면 유창하게 말하게 되고, 이것이 문해력 향상에 큰 도움이 됩니다. 가정에서 조잘조잘 나누는 작은 대화가 바로 문해력을 위한 첫걸음입니다. 말놀이를 통해 아이와 대화의 물꼬를 트고, 많은 대화를 나누길 바랍니다.

보드게임, 카드 게임으로
문해력을 꽃피워라

3년여 간의 코로나19는 사회 전반의 많은 변화를 가져왔습니다. 학교도 마찬가지인데요. 특히 학급에서 친구들과 어울리지 않는 아이가 많아졌다는 것을 체감합니다. 상대방이 먼저 다가와 말을 걸어 주기만을 기다리는 아이, 아예 친구가 없어도 상관없으니 혼자 있고 싶어 하는 아이가 부쩍 늘었습니다. 어울리는 아이들을 보아도 주로 두세 명과 친할 뿐 같은 반이어도 말 한마디도 안 하는 친구가 더 많습니다. 한 학기가 지나도록 같은 반 친구의 이름을 기억하지 못하는 아이도 있고요. 한 학급에 30명 정도인데도요.

중등 문해력의 비밀

요즘 초등학교에서는 보드게임이나 카드를 구비하는 학급이 늘었습니다. 중학교 역시 자유학년제는 물론 수업 시간에 카드를 이용하는 수업이 많아졌고요. 저도 학급에 보드게임을 갖추고 아이들에게 쉬는 시간이나 점심시간에 해보라고 권했는데, 아이들이 잘 이용하지 않더라고요.

"얘들아, 이 게임 정말 재밌는데 한 번 해봐."

"하고 싶은데, 어떻게 하는지 몰라서 못 하겠어요."

"설명서 있잖아, 읽어보면 되지."

"무슨 말인지 모르겠어요. 가르쳐주세요."

아이들이 설명서를 읽지 않는다는 사실을 잠시 잊은 저의 불찰이었습니다. 스스로 설명서를 읽기는커녕 게임 규칙을 설명할 때도 집중하지 않거나 게임 규칙을 이해하지 못한다는 것을 이미 알고 있었는데 말이죠.

'그래머 망고'라는 영어 수업 시간에 사용하는 카드가 있습니다. 동사의 3단 변화를 활용한 카드인데 특수카드가 있어 단지 외우기만으로 이길 수 없어 단어를 잘 외우지 못한 아이들도 동사표를 찾아가며 참여하는 카드놀이입니다. 시작 전 이 게임을 설명하는 영상이 있어 아이들에게 보여주었습니다. 5분 남짓한 짧은 영상인데도 규칙을 정확하게 이해한 아이는 10명이 채 되지 않았습니다. 아이들에게 영상을 다시 보여주면서 중간에 영상을 멈추고 다시 차근차근 설명하고 아이들의 이해를 확인해야 했습니다. 게

문해력에 도움이 되는 보드게임

보드게임	설명
고 피쉬 Go Fish	2~5명이 즐길 수 있는 카드 게임. 원래 영어 카드 게임으로 시작했지만 한글, 국어, 사회, 수학, 과학, 영어, 한국사 등 전 과목에 걸쳐 다양한 주제(품사, 속담, 사자성어, 나라별 수도, 개념어 등)로 게임할 수 있다.
퀴즈 밴드 Quiz Band	스무고개처럼 질문을 통해 내가 가진 단어를 맞추는 영어 보드게임이다. 주위에서 볼 수 있는 단어로 구성되어 있어 어렵지 않지만, 질문하면서 단어를 추론해야 하므로 말하기에도 도움이 된다.
애플스 투 애플스 Apples to Apples	영어 단어 게임으로 상대가 제시한 이미지에 맞는 형용사 카드를 내서 많은 카드를 모으면 승리한다. 정답이 정해져 있지 않아 다양한 단어 조합이 나올 수 있는 것이 특징이다. 난이도에 따라 3가지(7세 이상, 9세 이상, 12세 이상)가 있어 수준에 맞게 고를 수 있다.
딕싯 Dixit	다양한 그림이 그려진 카드를 뽑은 후, 그에 대한 간단한 설명을 듣고 진열된 카드 중에서 해당 카드가 무엇인지 맞히는 게임이다. 플레이어가 스토리텔러가 되어야 하므로 이야기 구성 능력이 필요하다. 카드에 그려진 그림이 몽환적인 분위기를 띤 것이 많아 다양한 이야기가 나올 수 있어 더욱 재미있다.
도전 골든벨	인기 프로그램인 '도전 골든벨'의 보드게임 버전이다. 최대 5명까지 즐길 수 있으며 점수가 가장 높은 사람이 골든벨 문제에 도전할 수 있다. KBS와 협력하여 엄선한 1,000개의 국어, 영어, 수학, 사회, 과학 등 다양한 분야의 문제가 OX 퀴즈로 구성되어 있다. 정답 발표 후 추가 해설을 들려주는 등 최대한 TV 프로그램과 유사하게 제작되었다는 점이 특징이다.

임 규칙을 설명하는 것만으로 15분 이상이 소요됐고, 게임 중간에 규칙을 잘못 이해하거나 모르는 아이들이 있어 모둠마다 돌아다니며 다시 일일이 설명해야 했습니다.

가정에서도 보드게임으로 이런 과정을 같이 하면서 이해력을 높일 수 있습니다. 게임 규칙을 이해하기 위해 설명서를 읽으면 문해력을 키우는 것은 물론 가족 간의 대화도 늘어납니다. 게임의 규칙과 의미를 익히기 위해 가족들이 머리를 맞대고 앉아 설명서를 읽고, 상대방의 말과 행동에 집중해야 하니 자연스럽게 문해력 훈련이 되는 거죠. 게임의 맥락을 읽어내고 이기기 위한 전략을 세우며 창의성도 생깁니다. 요즘에는 교과와 관련된 학습적인 보드게임과 카드 게임이 꽤 많습니다. 이런 게임들을 활용하면 자연스럽게 복습하는 효과도 있습니다.

3

읽기의 힘

가정에서 문해력을 키우기 가장 좋은 방법은
독서입니다. 너무 많이 이야기해서 지겨울
지경이지만 정말 유일하고 절대적인 방법입니다.
막상 사춘기 아이를 꾸준히 독서하게 만들기는
쉽지 않습니다. 하지만 부모가 아이를 키우면서
힘들지 않았던 순간이 있었나요. 수면 교육, 배변
교육, 식사 예절, 무엇 하나 쉽게 지나가지 않았을
것입니다. 독서도 마찬가지입니다. 여기에 국어
선생님과 영어 선생님이 중학생 자녀들의 독서를
이끈 방법을 살짝 공개합니다.

온라인에서 나아가
오프라인 독서 모임까지

아이가 혼자서 책을 읽기 힘들어하면 '함께'의 힘을 빌려보세요. 저는 큰아이가 중학교 1학년이 되었을 때, 인터넷 카페에서 독서 모임을 운영한다는 글을 보고 신청했습니다. 이 독서 모임은 인터넷 카페에서 모집한 만큼 온라인으로 의논했습니다.

독서 모임을 운영하는 주선자가 공동 SNS 공간을 만들고, 거기서 어른들이 모여서 중학생 아이에게 어떤 책이 좋을지 문학과 비문학을 각각 한 권 이상씩 추천합니다. 비문학은 역사, 예술, 사회, 과학에서 각각 하나씩 찾습니다. 코로나19 이후, 온라인에 익숙해진 어른들은 공동문서를 만들어서 링크를 공유하고 거기에 추천 도서들을 입력했습니다. 그리고 어른들이 먼저 직접 그 책들을 읽어보거나 책의 후기들을 찾아본 뒤, 투표를 통해 책을 선정합니다. 아이의 수만큼 문학책과 비문학책을 선정했다면 각각 문학책과 비문학책을 한 권씩 삽니다. 한 가정에서 한 달 동안 두 권의 책을 읽는 거죠. 책의 앞부분에 287쪽 표와 같이 표를 붙여 놓고, 자기 생각을 3줄 정도 쓰도록 합니다. 3줄만 쓸 것이 아니라 더 썼으면 좋겠다는 의견도 있었으나 우리의 목적은 쓰기보다는 책 읽기였기에, 쓰기를 강요했다가 읽기도 하지 않을 것 같아 자기 생각은 3줄로 정했습니다. 물론 더 많이 쓰기를 원하는 아이들은 더 쓰게 했고요.

그렇게 한 달 동안 다 읽으면 순서를 정해 다음 사람에게 그 책을 택배로 보냅니다. 10명의 가정이 참여했고, 이 독서 모임 1회기는 10달 동안 이어졌습니다. 아이들은 10달 동안 매달 문학책 한 권과 비문학책 한 권을 의무적으로 읽게 되었죠. 월말이 되면 다음 아이에게 택배를 보내야 했기 때문에 서둘러 읽기도 했습니다. 자기가 책을 보내지 않으면 다음 차례의 친구가 불편하다는 것을 알고 있으니까요.

물론 아이들은 정말 읽기 싫은 책은 읽지 않은 적도 있었지만, 책 앞부분에 또래 친구가 쓴 감상을 읽고 흥미가 생겼는지 최대한 그달의 책을 읽으려 노력했습니다. 중학교 3학년이 되어 고입을 준비하느라 모임이 중단되기는 했지만 2년간 아이에게 독서를 위한

이름	나만의 별표	3줄 감상 쓰기
아멜리아와 네 개의 보석	☆☆☆☆☆	중학생들이 쓴 소설이라고 한다. 나는 평소에 판타지 소설을 좋아해서 이 소설도 재미있게 읽었다. 그런데 마법을 사용하는 부분이 적게 나와서 좀 아쉬웠다.
	☆☆☆☆☆	
	☆☆☆☆☆	

좋은 방법이 되었습니다.

아무리 책을 좋아하는 아이라도 중학생이 되면 독서량이 현저히 줄어듭니다. 강제성이 어느 정도 필요한 시기죠. 또래와 '함께' 책을 읽는다면 읽기의 힘이 생길 수 있습니다. 함께 읽는 친구들이 전국 각지에 있어서 온라인으로 이야기했는데, 서로 친밀해졌는지 꽤 오랫동안 독서를 유지하는 힘이 되었습니다. 모임을 함께한 아이 중 문학책을 좋아하는 아이가 이 독서 모임이 아니었다면 비문학책은 읽지 않았을 것 같다며 2년간 운영했던 독서 모임이 참 좋았다고 이야기하더군요. 꼭 인터넷 카페가 아니라 하더라도 주변 친구들과 이렇게 독서 모임을 운영하는 것도 좋습니다.

출판사에서 다양한 독서 모임을 운영하기도 합니다. 출판사에서 운영하는 독서 모임은 주로 온라인으로 이루어지는데, 이 모임에서 그 책을 쓴 작가가 직접 나와서 책에 얽힌 다양한 이야기를 하며 책에 대한 흥미를 높여줍니다. 인스타나 블로그, 유튜브 등

각 출판사에서 홍보하는 채널을 잘 살펴보고 독서 모임에 참여한다면 책에 대한 흥미를 높이는 좋은 방법이 될 수 있습니다.

지역 도서관도 충분히 활용해보세요. 도서관 역시 여러 작가를 초청해서 강연하거나, 독서 모임을 운영합니다. 아무래도 온라인보다 오프라인 모임이 직접적으로 독서에 대한 자극을 받을 수 있거든요.

어떤 방법이든 좋습니다. 우선 온라인으로 방구석 독서 모임부터 시작해보세요. 그렇게 서서히 독서가 익숙해지면 그때는 오프라인 독서 모임까지 발전시키세요. 이때 꼭 지켜야 할 것은 독서가 강압적이어서는 절대 안 된다는 겁니다. 다만 그것이 혼자만의 일이 아니라 다른 사람과의 약속임을 상기시켜주세요. 또 독서가 목적이라면 독후 활동에 대해서 너무 욕심을 부리지 마세요.

가정에서 시작하는 독서

아이가 중학생이 되면서 '부모가 책을 읽는 모습을 보고 아이들도 스스로 책을 읽게 된다'라는 말을 믿지 않게 되었습니다. 제가 거실에서 책을 읽으면 중학생 아이는 슬그머니 방으로 들어가 스마트폰을 보더라고요. 스스로 읽는 중학생이 어디엔가 있겠지만, 우리 집에 없는 것은 확실합니다.

그런 아이와 가족 독서 모임을 하고 있습니다. 한 달에 한 번 가족 독서 모임을 하고 있지만, 중학생 아이가 한 달에 읽는 책은 절대 두 권을 넘기지 않습니다. 스마트폰을 볼 시간이면 매주 한 권은 거뜬히 읽을 수 있을 것 같지만, 책을 읽는 것만으로 감지덕지

해야 할 시기지요.

그렇게 한 달에 한 번 우리 가족은 '강제 독서 모임'을 하고 있고, 아이는 '억지로 읽기'를 햇수로 3년째 이어가고 있습니다. 억지로 읽기는 하지만 이 독서라도 하지 않으면 아이가 책을 읽을 것 같지 않아 지속하는 중입니다.

가족 독서 모임 운영 방법은 간단합니다. 가족의 나이와 관심이 다 다르므로 가족이 모두 같은 책을 읽기는 힘듭니다. 게다가 독서 모임을 처음 시작할 때 둘째가 초등학교 저학년이었고 읽기 수준도 또래보다 낮은 편이라 이야기책을 읽기 힘들었어요. 그래도 일단 시작해 보기로 했습니다.

독서 모임 초반에는, 아빠는 주로 자기계발서, 저는 청소년소설을 읽었습니다. 중학생인 아이는 책을 고르는 것도 귀찮아 제가 도서관에서 빌려온 몇 권의 책 중 한 권을 마지못해 골랐고요. 초등학교 2학년이었던 둘째는 그림책을 준비했습니다. 둘째를 제외하고 돌아가면서 자신이 고른 책의 줄거리를 이야기하는데, 공통으로 이야기하는 내용은 다음과 같습니다.

① 이 책을 고른 이유는?
② 책에서 가장 좋았던 부분, 구절은?
③ 이 책을 소개하고 싶은 사람과 그 이유는?

중등 문해력의 비밀

둘째는 처음 서너 달은 그림책 낭독을 했습니다. 이야기책을 읽기 어려워하고, 내용을 요약하기에는 아직 실력이 부족하기 때문이었죠. 하지만 6개월 정도 지나자 자신도 책 이야기를 하고 싶었던지 조금씩 이야기책을 읽기 시작했습니다.

제가 청소년소설을 읽은 이유는 책 이야기를 하면 아이가 읽지 않을까 하는 기대감 때문이었습니다. 그리고 줄거리를 이야기할 때 결말은 절대 이야기하지 않았습니다. 한참 이야기하다 갈등이 고조되면 '여기까지' 하면서 멈추는 거죠. 그렇게 소개한 책 중 가장 반응이 좋았던 책은 이꽃님 작가의 『죽이고 싶은 아이』였습니다. 학생 이야기인 동시에 부모가 생각할 거리가 많은 책이었습니다. 내용 역시 반전에 반전을 거듭할 만큼 흥미진진했고요. 남편과 아이는 제가 책을 소개하자마자 서로 읽어보겠다고 하더니 하루 만에 책을 다 읽었습니다.

각자의 책을 가지고 독서 모임을 하면 다양한 주제와 관점의 이야기를 나눌 수 있습니다. 각자 한 권씩 읽었지만, 네 권의 책을 알게 되는 효과가 있지요. 남편의 자기계발서나 주식, 부동산 관련 책을 읽고 소개하면 경제 용어를 접하게 되고, 아이가 소개하는 책을 통해 요즘 아이들을 다시 생각해 보는 시간이 되었지요. 초등학교 저학년인 둘째는 다른 가족들이 책의 줄거리를 이야기하는 모습을 보고, 내용을 요약하여 말하는 능력이 눈에 띄게 늘었습니다.

단, 기대하지 말아야 할 것은 독서 모임을 해도 평소에도 습관처럼 책을 읽지는 않는다는 겁니다. 매주 셋째 주 주말 모이는데 한 권이라도 제대로 읽어 오는 것만으로 감사할 일입니다. 게다가 도서관에 가기 싫어하는 아이들을 위해 제가 매주 책을 빌려옵니다. 아이들은 그중에서 골라 읽습니다. 읽다가 그 책을 재미없어 하면 저는 또 다른 책을 빌려옵니다. 정말 정성이죠?

책을 자발적으로 즐겁게 읽는 가족도 있겠지만, 그렇지 않은 가족도 많습니다. 독서 모임을 한다는 우리 가족 모두 그리 즐겁지만은 않습니다. 대단하게 보이지만, 그 이면을 살펴보면 억지로, 질질 끌며 진행하는 모임입니다. 그런데도 가족 독서 모임을 추천하는 이유는 책을 통해 서로의 이야기를 할 수 있기 때문입니다. 『서울, 자가에 대기업 다니는 김 부장 이야기』를 읽은 남편이 평소에 하지 않는 회사 생활을 이야기합니다. 『아버지의 해방일지』를 소개하던 저는 돌아가신 친정아버지의 이야기를 꺼내고요. 『불편한 편의점』을 읽은 첫째가 혼자 지하철 여행을 했을 때 보았던 사람들의 이야기를 합니다. 『양순이네 떡집』을 읽은 둘째가 평소에 말한 적이 없는 자신의 소원을 조심스레 말하지요. 책이 아니라면 일상적으로 꺼낼 수 있는 이야기가 아닙니다.

독서 경험은 가정에서 시작됩니다. 아무리 학교에서 추천 도서 목록을 제시하고, 수행평가 과제를 내고, 독서 행사를 해도 가정에서 꾸준히 실천하는 책 읽기만큼 큰 영향을 줄 수 없습니다.

이번 주말부터 가족 독서 모임 시작해보세요. 서로 각자 읽은 책을 나누는 것만으로 충분합니다.

4

쓰기의 힘

이제 문해력을 제대로 키웠는지 확인해야겠지요.
쓰기가 바로 그 역할을 합니다.
가정에서도 쓰기 활동이 충분히 가능합니다.
쓰기가 아이의 성적과 직결된다면, 가정에서
챙겨줄 수 있는 만큼 챙겨 좋은 성적을 받을 수
있도록 도와야겠지요. 또 '대화의 힘'에서처럼
일상생활에서 아이와 소소하게 글로 나누는
것들도 쓰기 활동의 일환으로 볼 수 있습니다.
문해력을 키우기 위해 특별한 프로그램이
아니라도 가정에서 충분히 아이를 도울 수
있습니다.

가정에서 시작하는 생활기록부 활동
(학교 활동과 연계되는 글쓰기)

독서교육종합지원시스템을 아시나요? 일명 DLS Digital Library System 라고도 하는데, 컴퓨터 등 정보매체에 익숙한 학생들이 자유롭게 책을 읽고 컴퓨터상에서 독후활동을 할 수 있도록 교육부가 구축한 컴퓨터 기반 독서활동 온라인 지원 프로그램입니다. 시·도 교육청 단위에 설치된 표준화된 학교 도서관 정보시스템이지요.

'학교의 지역+독서교육종합지원시스템'으로 검색하면 독서교육종합지원시스템을 찾을 수 있습니다. 가입하려면 학교에서 부여한 DLS 아이디가 반드시 필요합니다. DLS 아이디는 사서 선생님이나 담임선생님께 여쭤보면 됩니다. 독서교육종합지원시스템을 통

독서교육종합지원시스템 메인 페이지

해 감상문 쓰기, 개요 짜기, 감상화, 독서 퀴즈, 주제어 글쓰기 등 다양한 독후활동을 지원합니다.

이 독서교육종합지원시스템의 독후활동을 활용하면 좀 더 편리하게 독서 감상문을 쓸 수 있습니다. 학교생활기록부의 독서 상황란에 아이의 독서 활동을 기록할 수 있습니다. 다만 이 독서교육종합지원시스템은 학교생활기록부와 연계되지 않기에, 독서 감상문을 쓰고 나면 반드시 선생님께 독서 감상문을 썼다고 알려야 합니다. 공책 한 페이지 정도의 분량을 써야 독서 감상문으로 인정됩니다.

학교생활기록부의 독서 상황란에는 어떤 과목 선생님이 독서 상황을 기록했는지에 따라 과목이 표시됩니다. 예를 들어 국어 선생님이 '토지'를 입력했다면 학교생활기록부에 '(국어) 토지(박경리)'라고 입력됩니다. 그러니 수학과 관련된 책을 읽고 독서 감상문을 썼다면 수학 선생님에게, 영어와 관련된 책을 읽고 독서 감상문을 썼다면 영어 선생님에게 알려야 합니다. 만일 어떤 과목인지 애매하다면 담임선생님에게 이야기하면 '공통'이라는 영역으로 학교생활기록부에 기록됩니다.

책을 읽고, 독후감을 썼을 뿐인데, 학교생활기록부에까지 기록되다니 이 정도면 꽤 괜찮죠?

가정에서 글쓰기

학교나 학원에서 아이들이 글을 쓰는 이유는 '성적'입니다. 하지만 가정에서의 '쓰기 활동'은 어렵습니다. 학교도 아니고, 성적도 필요 없는데 왜 집에서까지 글을 써야 하냐는 반발을 들어야 하니까요.

먼저, 이유 있는 글쓰기가 필요합니다. 저는 학교에서 친구를 속상하게 하거나 괴롭힌 아이에게 내리는 벌로 상대방에게 편지를 쓰게 하는데요. 단순히 '미안하다'가 아니라 상대방의 상황과 감정을 읽어주는 편지를 쓰게 하는 거죠. 몇 번이고 수정해서 자신의 미안한 감정이 제대로 드러나도록 다시 쓰게 합니다. 이 활동은 벌이긴 하지만 다른 시각으로 보면 다른 사람의 감정을 이해하고 자신의 마음을 전달하는 일종의 글쓰기죠.

가정에서도 이런 글쓰기가 필요합니다. 소소한 가족 간의 편지도 좋습니다. 조부모님이나 부모님의 생신, 어버이날, 스승의 날, 학년을 마칠 때와 같이 일 년에 서너 번은 부모님과 선생님께 편지를 쓰게 하는 겁니다. 형제자매와 갈등이 있을 때, 부모님께 사과할 때, 말로만 '잘못했다, 다시는 그러지 않겠다.' 하는 것과 달리 자기 행동을 되돌아보며 그때의 감정과 이유를 글로 쓰게 해보세요. 글쓰기는 생각의 과정보다 느리므로 글을 쓰면서 자신의 감정을 정리할 수 있습니다. 그리고 건네기 전에 그 글을 읽으면서 부족한 부분은 고치고 보충하면서 논리력을 키울 수 있습니다.

두 번째로, 글쓰기 평가나 교내 글쓰기 대회, 체험보고서를 챙겨봐 주세요. 글쓰기는 모든 수행평가의 중심 활동입니다. 국어, 영어뿐 아니라 역사 인물, 사건 서술, 과학 개념, 현상 서술처럼 다른 과목에서도 글쓰는 활동이 많습니다. 수행평가는 단기간 외워서 쓸 수 없습니다. 일부는 가능하더라도 모든 과목을 다 외우기에는 시간이 부족합니다. 대부분 수업 시간에 선생님이 글쓰기 방법에 대해 안내하고 그것을 써보게 합니다. 연습 과정이 있는 거죠. 글쓰기 수행평가의 과정을 가정에서 미리 연습하게 해보세요. 부모님이 직접 글쓰기를 지도하기 어렵더라도 아이가 혼자 써보고 소리 내어 읽으면서 퇴고하도록 해주세요. 그 정도면 충분합니다.

교내 글쓰기 대회도 마찬가지입니다. 상장을 받을 수 있는 기회라고 학교 대회에 참가하도록 독려하지만 '시험도 아니고 쓰기도 귀찮은데 안 하고 말지'라고 생각하는 아이가 많습니다. 가정에서 미리 글을 써보게 하지 않더라도 관련 주제의 책을 읽거나 경험을 쌓게 하면 준비된 마음으로 대회에 참가할 수 있습니다. 중학교는 워낙 수행평가가 많고, 안전 교육, 사이버 학교폭력 예방 교육, 성폭력 교육 등 교과 이외의 교육이 많은데요. 이런 활동도 간단하게나마 교육 내용과 유사한 경험, 의견, 느낌을 쓰게 합니다. 성실한 아이들은 성적 여부와 관계없이 자신의 의견을 잘 적지만 그렇지 않은 아이도 많습니다.

체험학습 보고서도 가정에서 관심을 가져보세요. 학기 중 '학교장 허가 교외 체험학습'을 신청합니다. 그러나 다녀온 후 보고서까지 제대로 제출하지 않는 아이가 많습니다. 체험학습 보고서는 출석을 대신하는 증명서라 중요한데 그 사실을 알고 있는 부모님이 드뭅니다. 가정에서 글을 쓰게 하는 좋은 기회입니다. 단순히 체험하고 경험했던 것을 나열하지 말고 느꼈던 점, 기억나는 일을 적게 하면 '자기 경험 글쓰기'가 됩니다.

글쓰기를 좋아하는 아이는 없습니다. 중학생은 더욱 드물고요. 굳이 가정에서 따로 글쓰기를 지도하려고 하지 말고 학교 활동과 관련한 글쓰기에 아이가 관심을 갖도록 하는 것만으로 충분합니다. 학교에서는 거의 전 과목 수행평가에 글쓰기가 포함되어 있

중등 문해력의 비밀

고, 모든 교육 활동에는 소감문 종류의 글쓰기가 있습니다. 수행평가와 교내 대회는 학교 홈페이지나 가정통신문을 통해 안내되니 학기 초에 이것들을 꼭 확인해 보세요.

세 번째로 보상입니다. 중학생은 더 이상 말로만 하는 칭찬에 춤추지 않습니다. 직접적인 보상, 즐거움, 동기가 있어야 하죠. 우리 가족이 독서 모임을 지속할 수 있는 가장 큰 비결은 아이들이 마음대로 고를 수 있는 음료 덕분이었습니다. 용돈으로 자주 사 먹기에 부담스러운 첫째에게는 비싼 공짜 음료, 다이어트 하는 둘째에게는 단것을 마음껏 먹는 날이 바로 독서 모임 하는 날입니다. 아이들은 독서 모임을 '무엇을 읽을까'가 아닌 '무엇을 먹을까' 생각하며 기다립니다. '달고 맛있는 공짜 음료'가 아이들에게 즐거움이고 책을 읽는 동기, 읽은 후의 보상이죠. 편지를 받았다면 부모님도 아이에게 손으로 정성껏 쓴 답장을, 글쓰기 수행평가를 집에서 준비한다면 격려의 간식을, 글쓰기 대회에서 수상했다면 깜짝 용돈을 주세요. 보상은 중학생을 움직이게 하는 큰 힘이 됩니다.

참고 도서

- 유튜브는 책을 집어삼킬 것인가 / 김성우, 엄기호/ 따비
- 문해력을 키우는 읽기 습관, 몰입독서 / 스키마언어교육연구소 / 학교도서관저널
- 학교 속의 문맹자들 / 엄훈 / 우리교육
- 문해력 수업 / 전병규 / 알에이치코리아
- 무엇이 이 나라 학생들을 똑똑하게 만드는가 / 아만다 리플리 / 부키
- 미디어 리터러시 수업 / 김미옥 외 6인 / 학교도서관저널
- 교과서는 사교육보다 강하다 / 배혜림 / 카시오페아
- 공부를 위한 읽기는 따로 있다 / 프랜시스 P. 로빈슨 / 북라인
- 매일 초등 공부의 힘 / 이은경 / 가나출판사
- 문해력이 강한 아이의 비밀 / 최지현 / 허들링북스
- Vocabulary Myth / Keith S. Folse / Michigan
- 당신의 영어는 왜 실패하는가? (대한민국에서 영어를 배운다는 것) / 이병민 / 우리학교

- 서울대, 신입생 1,500명 글쓰기평가…"문해력 키울 것"
  www.hankyung.com/article/2022031317111
- 뉴욕시 공립학교, 4달만에 챗GPT 허용…"가능성 높이 평가"
  www.digitaltoday.co.kr/news/articleView.html?idxno=477185
- 엔비디아 1조달러·TSMC 5450억달러…삼성 시가총액은?
  news.mt.co.kr/mtview.php?no=2023061608042895897
- 영어 가사에 흥겨운 리듬…라디오 타고 美 대중 속으로
  www.hankyung.com/article/2020090126691
- 인터넷에서 가장 많이 사용되는 언어
  www.madtimes.org/news/articleView.html?idxno=7396

중등 문해력의 비밀

초판 1쇄 발행 2024년 2월 13일

지은이 | 김수린 배혜림
기획 | CASA LIBRO
펴낸곳 | 믹스커피
펴낸이 | 오운영
경영총괄 | 박종명
편집 | 최윤정 김형욱 이광민 김슬기
디자인 | 윤지예 이영재
마케팅 | 문준영 이지은 박미애
등록번호 | 제2018-000146호(2018년 1월 23일)
주소 | 04091 서울시 마포구 토정로 222 한국출판콘텐츠센터 319호(신수동)
전화 | (02)719-7735 팩스 | (02)719-7736
이메일 | onobooks2018@naver.com 블로그 | blog.naver.com/onobooks2018
값 | 19,000원
ISBN 979-11-7043-500-6 03590